KB173637

건축의 정석

건축대학에서 무엇을 배울까

건축의 정석
건축대학에서 무엇을 배울까
ⓒ 명지대학교 건축대학 교수 20인, 2021

초판 1쇄 펴낸날   2021년 11월 15일
초판 3쇄 펴낸날   2023년 12월 10일
지은이   명지대학교 건축대학 교수 20인
기획   남수현
펴낸이   이상희
펴낸곳   도서출판 집
디자인   로컬앤드

출판등록   2013년 5월 7일
주소   서울 종로구 사직로8길 15-2 4층
전화   02-6052-7013
팩스   02-6499-3049
이메일   zippub@naver.com

ISBN   979-11-88679-12-6 03540

· 본 도서는 명지대학교 건축대학 건축도시연구소의 지원을 받았습니다.

명지대학교
건축대학 교수
20인

건축의 정석

건축
대학에서
무엇을
배울까

집

차례

Contents

커뮤니케이션 영역

역사이론 영역

행태문화 영역

도시/주거 영역

구조영역

환경영역

건설영역

실무영역

공간디자인 영역

건축대학

들어가는 글
Introduction

"교수님, 학교에서 배운 것 중 지금도 되새기게 되는 무언가가 있으세요?"

학생 질문을 받은 당시에는 분명하게 얘기를 못 하고 지나버렸지만, 곰곰이 생각해 보니 대학시절 저에게 가장 분명하게 남은 메시지는 강의 내용 자체가 아니라 교수님께서 지나가는 말처럼 언급하셨던 통찰의 한 문장이 아니었을까 싶습니다. 여러 스승님의 이런 혜안을 듣고 시작된 제 고민의 합이, 지금 제가 건축에 대해서 가지고 있는 생각의 뿌리가 되었다고 확신합니다.

건축은 우리 주위에 친밀하게 있어 누구나 접하기 쉬운 분야입니다. 하지만 건축을 공부하고자 하면, 시작점을 찾기가 참 어려운 분야이기도 합니다. 디자인적 측면에서부터 역사, 공학적 고려, 거기에 사회문화적인 지식까지 포괄적으로 함양한 뒤에야 자신이 하고자 하는 건축이 보이기 시작합니다. 출발점은 하나의 작은 관심사에서부터일 것이며, 그 후 진지한 고민이 따라야 꾸준한 관심과 열정을 가지게 될 것입니다.

이 책은 이런 첫 관심사를 발굴하는 데 도움을 주고자 건축대학의 교수님들께 자신의 강의과목에서 다루는 주제 중 건축을 처음 접하는 이들에게 꼭 전달하고 싶은 얘기를 해주십사 부탁을 드려 만들었습니다. 건축대학에서 무엇을 배우는지 궁금한 이들을 위해 강의 내용을 압축적으로 담았습니다. 추상적인 건축의 주제에서부터 구체적인 사례까지 스펙트럼이 꽤 넓습니다. 교수님들의 건축에 대한 생각의 차이도 그대로 남기고, 같은 작품에 대한 다른 해석도 놔두어 더 생생하게 여러 교수님의 의견이 전달되도록 의도했습니다.

특별히 순서에 연연할 필요 없이 가볍게 책장을 넘기며 읽다가 마음에 닿는 글을 발견하고 이를 통해 우리를 둘러싼 건축을 이해하는 데 도움이 되기를 바랍니다.

기획자 남수현

혼란스러운 것은 당연하다
It is natural to feel confused

디자인의 첫 단계는 '관습적 사고'를 넘어서는 것입니다. 이제까지
당연하게 받아들였던 건축, 예술, 사회문화의 일반적인 정의를
잊어야 합니다. 비판 없이 받아들였던 아름다움의 기준, 깊은 사고
없이 알고 있던 일반적인 사실, 당연하다고 여기던 기준...
건축 설계 스튜디오는 이런 식상한 편견을 버리고 새로운 생각이
시작되는 공간입니다.

교과서나 정답에 기대는 익숙한 사고에서 벗어나는 것.
이것이 건축에서 일어나는 모험의 출발선입니다.

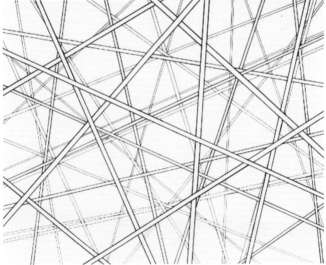

선·평면·볼륨 그리고 공간 프로젝트, 모형과 평면도, 1학년 과정 ⓒ강수빈

표현이 곧 내용이다

Expression is the content

건축 분야는 다른 예술 분야와 큰 차이가 있습니다. 그림이나
조각 등 다른 시각예술의 학생 결과물은 곧 완성품이 됩니다.
하지만 건축 작업은 복잡한 허가 과정 및 시공 과정을 거쳐 현실에
지어져야만 실제 결과물이 되기 때문에 학교 교육 과정에선
실제로 만드는 것이 불가능합니다(실제 설계사무실에서도 준공하기 전에는
마찬가지입니다). 자신이 머릿속에 상상하고 계획한 건축물은 모형, 도면,
이미지 등으로 표현될 수밖에 없으며, 이는 수신자의 머릿속에서
건축물로 조립됩니다.

이 전달 단계에서의 중간 매개물은 온전하게 자신의 건축을
표현하도록 만들어져야 하며 자신의 아이디어, 의도에 따라 그
방식도 달라져야 합니다. 건축대학에서는 이를 꾸준히 익히고
학습합니다. 건축대학에서 수학한다는 것은 이런 건축의 시각 언어
세계, 건축 규범discipline 안으로 들어섬을 의미합니다.

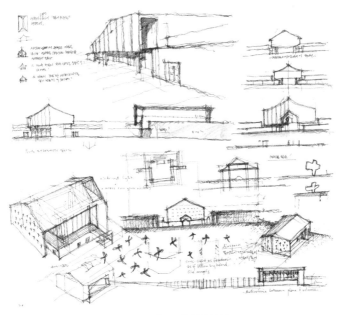

종교 공간의 외부와 내부를 생각하는 프리핸드 스케치 ⓒ남수현

스케치가 기본이지만
꼭 잘 그릴 필요는 없다
Freehand sketch, in my own way

건축공간이나 형태를 다른 이에게 전달하는 방식은 다양하지만
가장 중요한 역할을 하는 매체가 모형과 도면입니다. 도면을 그리고
모형을 만들기 전에 아이디어를 정리하고 실험해봐야 하는데 이때
유용한 방법이 '(자를 대고 그리지 않는) 프리핸드 스케치'입니다.

프리핸드 스케치는 디자인 초기 자신의 아이디어를 자유롭게
표현하면서 확인하고 생각을 정리할 수 있게 해주는 수단입니다.
스케치는 예술가처럼 잘 그릴 필요는 없습니다만 자신의 스타일을
만들어 두면 도움이 됩니다. 자신이 상상한 공간을 그려낼 수 있는
능력은 아무리 기술이 발전해도 필요합니다. 그렇지 않으면 상상
자체가 한계에 부딪히게 됩니다.

공유라이브러리 내부 투시도, 5학년 과정 ⓒ조승현

공간을 상상하는 가장 좋은 방법, 투시도
Drawing perspective, imagining space

도면에는 여러 종류가 있는데 그 가운데 '투시도'라는 도면이
있습니다. 투시도는 관찰자가 하나의 시점(관람자 눈의 위치)에서 공간을
바라본다고 가정하고 보이는 면을 그린 도면입니다. 투시도는
디자이너가 원하는 시각(눈의 위치)에서 대상을 볼 수 있게 해주는
장점이 있습니다. 잘 표현된 투시도는 모형에서 느낄 수 없는 실제
스케일의 느낌을 더 잘 전달하기도 합니다. 실제 스케일을 더 잘
느낄 수 있다는 의미는 건축물이나 공간의 단순한 크기 전달뿐
아니라 어떤 행위가 가능할지, 실제 구현된 공간에 들어가면 어떤
느낌을 부여받을지 더 생생하게 전달된다는 뜻이므로, 무엇보다
중요합니다. 그만큼 실제적인 느낌을 주기 때문에 건축 규범에
익숙하지 않은 사람을 위한 효과적인 표현 전달 매체이기도 합니다.

고학년이 되면 컴퓨터 모델링(실제 모양을 컴퓨터에 입력하는 것)을 통해
투시도를 제작하게 되지만, 신입생 때는 손으로 직접 투시도 그리는
방법을 한 번씩은 배우게 됩니다. 손으로 그리는 방식을 배워야
하는 이유는 그 원리가 컴퓨터 모델링할 때 알아야 할 기본 원리와
동일하기 때문입니다. 동시에 자신의 아이디어를 자유롭게 표현하는
프리핸드 스케치를 자유자재로 할 수 있게 해줍니다.

리본 면을 활용한 입체 공간 및 조형 프로젝트, 스케치업 이미지, 1학년 과정 ⓒ김동아

"건축이란 빛 아래 집합된 입체의 교묘하며 정확하고 장려한 연출이다"

"Architecture is the masterly, correct and magnificent play of masses brought together in light"

건축가 르코르뷔지에의 이 말은 '그림자와 그늘의 원리'를 염두에 두고 있습니다. 그림자는 하나의 물체가 다른 물체의 표면에 드리워 생겨나는 빛의 결여 상태입니다(일반적으로 땅에 드리우는 현상으로 나타납니다). 그늘은 면의 방향이 광원과 일치하지 않을수록 어둡게 나타나는 현상을 보여줍니다.

그림자shadow와 그늘shade을 표현하면 형태의 입체성을 더 드러낼 수 있으며, 공간감의 결여를 극복할 수 있습니다. 그림자와 그늘은 디자인 프레젠테이션의 질을 높이는 데 필요할 뿐 아니라 계획안을 분석하고 평가할 때에도 중요한 요소로 작용합니다.

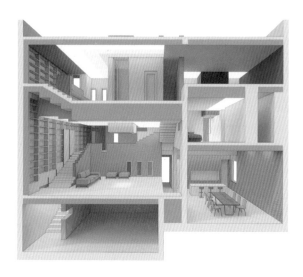

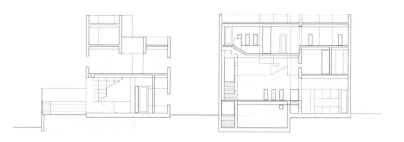

공간의 연결을 중요시한 단독주택 계획안의 단면 투시도와 단면도 ©남수현

주택은 모든 건축의 시작이다

Designing a house is where it all starts

작은 규모 때문에 저학년 때 가장 처음 계획을 시도해보는
건축유형이 바로 주거공간입니다. 주거공간은 대부분 건축가가
평생을 고민하며 도전하는 건축유형이기도 합니다. 그만큼 한
시대의 생활과 문화를 담고 있으며, 근본이 오랫동안 변하지
않으면서도 동시에 작은 변화가 끊임없이 일어나는 주제입니다.
예를 들어 우리가 지금 당연시하는 각 개인의 독립된 방이 일상화된
지는 200년도 되지 않습니다. 우리나라 한옥의 대표적 특징이라고
생각하는 좌식문화의 토착화도 300년 정도밖에 되지 않습니다.

건축가는 새로운 삶의 방식을 제시해야 하지만, 작게는 우리가
사는 환경을 조금씩 나아지도록 노력해야 하는 의무와 책임이
있습니다. 이는 단순한 말이나 선언에서 비롯되는 것이 아니라 공간
하나하나를 구성하는 세심함에서부터 시작됩니다.

주택은 작은 우주입니다. 인류가 작은 움집을 만들 때부터 건축은
시작되었을 것입니다. 인간이 자연, 세계와 관계를 맺는 가장
최초의 행위가 주거공간이며 이는 인류가 존재하는 한 계속 남을
유형입니다.

©남다인

콘셉트?

concept?

건축을 배우기 시작하면서 가장 많이 듣는 단어 가운데 하나가
'콘셉트'입니다. 그런데 어떤 의미인지 명확히 정의되지 않습니다.
교수님은 교수님대로 선·후배나 동료는 동료대로 쓰임이
제각각입니다.

국어사전에서 어떤 단어의 뜻을 정의하듯이 콘셉트를 이거다 하고
정의해주는 사전은 없습니다. 모호한 의미를 담은 단어가 '콘셉트'
뿐이겠는가 라고 생각하고 좀 느슨하게 들어줄 필요도 있긴 합니다.
때로 그 느슨함 덕분에 건축적인 문장을 만드는데 망설임 없이
가져다 쓰기도 합니다. 그러다 보니 서로 은근슬쩍 넘어가 줍니다.
정확히 이해는 안 되지만 말하고자 하는 언저리가 어디쯤인지는
알 수 있을 정도로만 모호한 탓에 까다롭게 굴 필요는 없을 듯도
합니다. 하지만 때로 콘셉트라고 설명하는 말에 대해서 짜증나는
일이 종종 생기는 것도 사실입니다.

©남다인

콘셉트는 목적을 달성하기 위한 추상적인 방법이다

Concept is an abstract method to reach a goal

콘셉트라는 단어는 목적이나 방법과 종종 붙어 다닙니다. 사람들이 하는 말을 잘 들어보면 콘셉트는 건축설계를 할 때 지향하는 목적을 말하는 것 같기도 합니다. 그런데 때로는 목적을 달성하기 위한 방법을 말하는 것처럼 들리기도 합니다. 그건 사람에 따라 다르기도 하고 같은 사람이라도 다른 맥락에서는 목적과 방법 사이를 왔다 갔다 하기도 하기 때문입니다.

콘셉트는 목적과 방법 사이 어딘가에 있습니다. 목적은 누군가가 원하는 것이고 방법은 목적을 얻기 위해 동원할 수 있는 구체적인 수단입니다. 특정한 목적을 달성하기 위해 사용 가능한 수단이 여럿 있을 때 유사한 일단의 그룹으로 묶고 그것에 이름을 붙이면 콘셉트가 된다고 볼 수 있습니다. 목적을 달성하기 위한 추상적인 방법이 콘셉트가 되고 콘셉트라는 큰 범주 안에 들어있는 세세한 수단이 방법이 됩니다.

기존 실내 전시 중심 미술관을 작가의 특성에 맞추어 외부와 결합, 내부까지 실외화를 시도한 안, 2학년 과정 ⓒ현지영

건축에는 유형이 있고,
건축가는 유형을 확장시킨다

Typology in architecture and architect's interpretation

학교, 미술관, 오피스, 공항, 역사, 호텔, 공동주택, 공장, 도서관 등 우리 주변에는 아주 다양한 건축 유형이 있습니다. 항상 사용하는 시설이지만 각 유형에 관계되는 요소를 더 깊이 있게 알지는 못합니다.

건축설계 수업은 건축의 유형에 따라 어떤 프로그램이 요구되는지, 어떤 공간이 필요한지, 어떤 동선체계가 필요한지를 익히는 것이기도 합니다. 건축가는 각 유형별로 기존 건물이 간과하고 있는 중요한 요소를 찾아 새롭게 디자인하고 기존에 생각하지 못했던 가능성을 제시할 수 있어야 합니다. 건축가는 유형 자체를 넓히고 확장시키는 역할을 합니다.

건축대학에서는 기존 유형을 익히는 것과 동시에 새로운 유형을 탐구합니다.

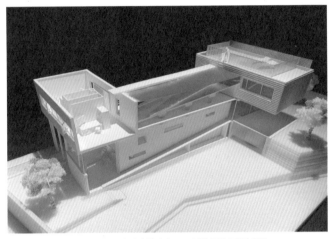

건축설계사무소 O.M.A.에서 설계한 빌라 달라바(1991) 분석 모델, 2학년 과정
ⓒ조재훈·유대영·최재영

영감은 어디에서 나오는가
On inspiration

"내가 더 멀리 보았다면 이는 거인들의 어깨 위에 올라서 있었기
때문이다."

아이작 뉴턴의 문장으로 기억되는 이 말은 한 분야에서
선임·선배들의 업적을 알고, 이를 바탕으로 자신의 새로운 길을
개척하는 것이 중요하다는 것을 전달하고 있습니다.

영감은 수많은 자료의 검토와 끊임없는 생각 속에서 태어납니다.
그러므로 선례를 살펴보는 행위는 디자인의 시작점입니다. 선례를
익힘으로써 그 모양을 따라하는 것이 아니라 무엇이 중요한가를
배웁니다. 또한 같은 주제에 대해 미리 고민한 선례를 통해 필요
없는 방황을 하지 않아도 됩니다.

여기서 하나 중요한 것은 유명한 건축가의 명성에 눌려 그의
작업을 신성시하면 안 됩니다. 그들을 우리와 함께 시대를 고민하는
동료건축가로서 마주해야 합니다.

걸리버 여행기에 나오는 하늘에 떠 있는 섬 라퓨타 ©김남훈

건물은 공중에 떠 있지 않다

Architecture begins from the ground up

미래의 건축은 아마도 화성 식민지, 달 정착지, 우주 정거장, 수중
도시, 지하 도시까지 우주, 대양, 지하 등 다양한 곳을 다루게 될
것입니다.

그렇지만 아직 99%의 건축은 지상에 지어집니다. 그런데 불행히도
이 땅의 레벨(높이)은 천차만별입니다. 평평한 땅일지라도 건물이든
공원이든 만들어야 할 기능에 따라서 땅의 모습은 달라야 합니다.
건축이 지어질 땅의 모습이 정사각형에 평평한 땅일 가능성은 아주
적습니다. 당장 밖으로 나가 우리 동네 건축물을 보세요. 똑같은
듯하지만 다르고 평평하다고 느끼는 곳마저 실제로는 조금씩
경사져 있습니다.

이렇게 건물이 잘 앉혀질 수 있도록 땅을 다루는 훈련을
'대지계획'이라고 합니다. 잘 조성된 대지에 잘 앉혀진 건물이
많을수록 우리는 축대, 옹벽 같은 토목 구조물보다 아름다운 건물을
많이 보게 됩니다.

파리 샹젤리제 거리. 우리가 사는 모든 도시는 고유의 모습과 질서를 가지고 있으며,
도시 가로변의 건축물은 도시를 구성하는 내용이 됩니다. ©이준석

길거리로 나와 맥락을 의식하라

Always be conscious of surroundings and streets

도심의 거리 분위기를 주도하는 것은 다름 아닌 가로수길이나 홍대입구처럼 거리에 늘어서 있는 가로변 건물입니다. 우리의 일터이자 우리가 관계를 형성하고 문화와 여가를 즐길 수 있는 일상의 터이기도 하지요. 이 거리에 늘어선 건물에서 우리는 생활합니다. 일하러 가는 직장이 있고 사람들과 식사를 하거나 서로 만나는 장소가 되며, 그 건물 어딘가에 살고 있습니다.

가로변 건물을 계획하고 창의적으로 디자인하기 위한 시작은 도시의 핏줄인 도심 가로와 공간 환경을 이해하고, 사람들에게 제공할 공간의 기능을 이해하는 것입니다. 그리고 이웃의 모습을 해석하고, 도심 가로변 맥락을 파악해야 합니다.

뉴욕 맨해튼 소호 거리 ⓒ이준석

가로변 모습이 곧 도시의 표정이다

Streetscape is the expression of a city

전 세계의 어느 도시든 간에 오랜 세월의 흔적과 그곳 사람들의
삶의 모습과 사회, 문화의 모습을 간직하고 있습니다. 도심 가로변의
문화적, 역사적, 도시적 맥락을 충분히 알고 존중해 주는 것은
건축가가 가져야 하는 기본적인 자세입니다. 이런 자세를 가진
건축가의 고민 끝에 만들어지는 창의적인 아이디어가 쾌적한 공간,
기능과 만날 때 좋은 가로변 건축물이 탄생합니다. 이 건축물은
앞으로 도심 거리와 오랫동안 공생하면서 가로변을 경험하는
사람들에게 훌륭한 공간 환경과 기능을 제공할 것이고
가로변을 대변하는 도시의 표정이 될 것입니다.

물 때 흔적이 남아 있는 중정의 벽면, 윤동주문학관, 이소진 설계 ©옥수민

철거 중인 물탱크 지붕, 윤동주문학관 ©옥수민

지붕 하나 철거했을 뿐인데
The architect only took the roof off

서울 청와대 옆 청운동에 가면 수도가압장을 리모델링한
윤동주문학관이 있습니다. 겉보기에는 단출하고 소박한 건물이지만
막상 들어가 뒤편 전시실로 나가보면 의외의 분위기에 사로잡히게
됩니다. 고개를 한껏 젖혀야 보이는 하늘과 그를 네모지게 재단하고
있는 중정의 벽면 때문이지요.

이 리모델링 프로젝트에서 아틀리에 리옹의 이소진 건축가가 덧붙인
것은 별로 없습니다. 그는 두 칸 물탱크 중 하나는 그대로 두어 빔
프로젝터 영상실로 활용하고 앞 칸은 지붕을 걷어내고 중정으로
만들었을 뿐이니까요. 하지만 어쩌다 만들어진 듯한 무심한
중정에서 윤동주 시인이 마지막으로 바라본 '후쿠오카 형무소의
하늘'을 느낄 수 있게 된다면 '마이너스 증축' 발상이야말로
'마이더스의 손' 아닐까요?

어반 하이브, 김인철 설계 ⓒ옥수민

논현동 금은빌딩, 김인철 설계 ⓒ옥수민

도시를 바라보는 건축가의 사려 깊은 안목이 도시의 표정을 좌우한다

The face of the city is determined by the insights of architects

적벽돌 트윈타워로 유명한 서울 강남교보타워의 대각선 방향에는 네모난 벌집 모양의 타워가 있습니다. 동그란 구멍이 숭숭 뚫린 벽체가 기둥 역할까지 하며 내부 공간을 감싸는 이 건물은 김인철 건축가가 설계한 '어반 하이브'입니다.

거기서 걸어가면 15분 거리에 같은 건축가가 이전에 설계한 건물이 또 하나 있습니다. 코너에 위치하고 있음에도 너무나 평범해 눈에 뜨이지 않던 건물이었는데 표피를 벗겨 내어 민달팽이 유리 커튼월로 바꾼 후 독립된 벽체에 몬드리안 스타일의 개구부를 오려내어 드러나게 한 리모델링 프로젝트이지요. 이 건물을 보면 신축으로 지어진 어반 하이브의 뿌리가 이 벽체가 아닐까 상상하게 됩니다.

신축이든 리모델링이든 도시urban를 바라보는 건축가의 사려 깊은 안목 덕분에 서울의 표정은 활기차 보입니다.

안동 병산서원의 칸 구분 ⓒ백소훈

한옥 설계는 진정한 삶을 담을 수 있는 집이 무엇인지 진지하게 고민해 보게 하는 설계 교과이다

Designing a Hanok involves considering a house to instill genuine life into

옛 선비들이 은퇴 후 소박하지만 평안한 삶을 꿈꾸며 쓰던 표현 중에 '초가삼간草家三間'이라는 말이 있습니다. '칸間'은 한옥에서 기둥과 기둥 사이의 공간을 가리킵니다. 한 칸의 너비가 2.4m 남짓이니, 얼마나 소박한 소망인가요.

한옥 설계는 먼저 칸을 설정하고 그 위에 기둥을 세우고 지붕을 올리는 순으로 진행됩니다. 평면을 그리는 일은 쉽지만 지붕을 떠받칠 구조를 설계하는 일은 어렵습니다. 역설적으로 한옥 설계의 핵심은 그 어려운 기둥과 지붕의 계획에 있는 것이 아니라 기둥 사이의 공간 즉 칸 안에 담을 삶의 모습을 계획하는 데 있습니다.

우리가 원하는 다양하고 풍요로운 삶의 모습, 그 안에 담긴 욕망을 조금씩 줄이고 줄여서 작은 한 칸 안에 담는 과정을 통해 우리는 실의 배치, 동선의 조합을 최적화하는 법을 배우게 됩니다.

칸은 우리의 욕망을 비추는 거울입니다. 채우면 채울수록 답답해지지만, 줄이고 줄여 마침내 완벽히 비워내면 놀랍게도 그 너머 펼쳐진 아름다운 한 폭의 경관을 우리에게 선사합니다. 한옥 설계는 진정한 삶을 담을 수 있는 집이 무엇인지 진지하게 고민해 보게 하는 설계 교과입니다.

도심적층한옥, 3학년 과정 ©명민수

현대적인 건축물과 도시 한옥이 어우러진 도시를 상상해 보자

Imagine a city with modern buildings mixed with urban Hanok types

"한옥이 사라져 갑니다! 안타깝지만 자연스러운 현상으로 생각할 수 있습니다. 크고 작은 붉은 기와지붕이 군집을 이루는 아름다운 유럽의 중세도시처럼 우리 도시도 한국의 정체성을 드러내면서 아름다운 인문경관을 이룰 수 있다면 한 번 노력은 해봐야 하지 않을까요. 한적한 농촌이 아닌 번잡한 도시에 대지를 설정하고 한옥설계에 도전해 봤습니다. 현대도시가 요구하는 고밀도에 부응하면서도 역사도시가 요구하는 전통적 양식을 구현하기 위해 고민했습니다.

해결 방법은 간단합니다! 철근콘크리트 구조로 2층을 쌓고 그 위에 목조로 한옥을 올립니다. 콘크리트 기둥과 한옥 기둥의 열을 맞춰 조화를 이루고, 한옥의 가운데에는 작지만 도시 주택에서는 향유하기 어려운 마당을 만들어 봤습니다."

'대한민국 한옥공모전 계획부문 대상'을 받은 학생의 작품 설명입니다. 조금 미숙하지만 아름답고 기능적이며 경제적이라고 생각되지 않는지요? 이처럼 현대 한옥이 모여 있는 마을과 도시의 모습을 상상해 봅시다. 비록 전통마을의 모습과는 다르겠지만, 크고 작은 검은 기와지붕이 모여 현대와 전통이 공존하는 조화로운 경관을 만들어 낼 수 있지 않을까요?

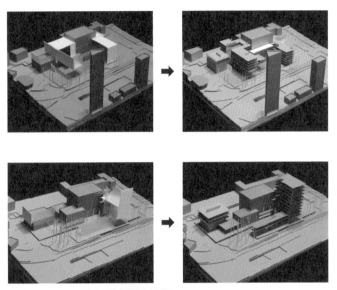

구청 증축 프로젝트, 3학년 과정 ⓒ한규선·장석주

도심에서 여러 매스의 아이디어로 계획을 해야 하는 경우 공간의 구성 및 배치 아이디어에 따라
외부공간에 대한 생각이 달라질 수 있습니다. 매스 콘셉트 스터디를 통해 건축 방향을 정하는
과정의 모형입니다.

건축 매스를 계획할 때 어떤 외부공간을 만들지 함께 고려해야 한다

The shape of building is always linked to outside

우리 주변에는 다양한 외부공간이 있습니다. 스쳐지나는 공간, 잠시 머무는 공간, 여유롭게 오래 머무는 공간... 건축물의 성격과 대지 상황에 따라 요구되는 외부공간도 다릅니다. 주어진 여러 상황을 면밀히 분석해 어떤 성격의 외부공간이 필요한지 찾아봅시다.

여러 사람을 위한 규모가 큼직한 업무시설을 계획할 때 건축 공간이 되는 매스를 구성하는 아이디어와 함께 다양한 외부공간 구성을 제시해야 합니다.

기술적 요소가 반드시 필요한 건축 ⓒ이준석

건축설계 과정을 발전시켜 나가면서 건물을 짓는데 필요한 기술적인 요소도 고려해야 한다

Architectural design incorporates technical elements

도시의 모습과 표정을 대변하고 기능적으로 훌륭한 건축설계를 위해서는 공간 개념, 공간의 구성, 매스의 형태와 함께 기술적인 요소도 고려해야 합니다. 건축구법과 재료, 건물 하중을 견디는 구조, 그리고 쾌적한 환경을 위한 설비 등이 그것이며, 설계 과정 중에 염두에 둬야 하지요. 또한 오래된 건물이 있는 경우 먼저 보존할 가치를 따져보고 가치가 있다고 판단되면 새로운 계획을 융합해 새 건축물로 바꾸는 리모델링 설계도 가능합니다. 이 시점에서 가장 중요한 것은 유능한 건축가로서 갖춰야 하는 뚜렷하고 창의적인 설계 개념을 제시하고 그 개념을 중심에 두고 설계 해야 한다는 것입니다.

건축설계4는 전체 과정 중에서 기초적인 기술적 요소가 조금씩 소개되고 그것을 서서히 반영하기 시작하는 단계입니다.

공간사옥 증축, 장세양 설계 ©옥수민

기존 환경과의 관계성이
증축의 근거가 된다

Basis of an expansion relates to existing environment

서울 창덕궁 옆에 있는 '아라리오 뮤지엄 인 스페이스'는 미술관과
카페를 품고 있는 운치 있는 장소입니다. 견고한 성채처럼 보이는
벽돌 건물과 바람도 뚫고 지나갈 듯한 유리 건물이 마주보며 서 있는
이곳은 한 시대를 풍미한 공간건축의 사옥이었습니다. 벽돌 구관은
김수근 건축가, 유리 신관은 그의 제자 장세양 건축가가 설계한
것이지요.

신관은 구관에 이어 설계사무소 사옥으로 지어졌으니 증축이
분명한데, 저층부만 간결하게 다리로 연결되었을 뿐 마감재나
구성방식이 상이하다 보니 공통점도 적고 시각적 관계성도 약해
증축으로 느껴지지 않습니다. 그래도 구관의 증축일 수밖에 없는
이유는 '투명성' 때문입니다. 구관에서 스승이 매일 바라보았을
창덕궁이 자신의 건물 때문에 가려져서는 안 된다는 생각이 낳은
얇고 투명한 건물을 볼 때마다 기존 환경과의 관계성이야말로
증축의 근거라는 생각을 하게 됩니다.

미시간대학교 법대 도서관 ©옥수민

온 더 그라운드와 언더 그라운드
On the ground vs. Underground

미국 미시간대학교 법대에는 해리 포터의 호그와트 마법학교에나 있을 법한 네오고딕 스타일 도서관 건물이 우뚝 서 있습니다. 고색창연해 보이지만 사실 그리 오래되지 않았습니다. 1931년에 세워졌고 1950년대에 일부 증축을 거쳐 1970년대에는 대대적인 증축이 필요하게 되었습니다.

증축 설계는 건축가 군나르 비르케츠Gunnar Birkerts가 담당했습니다. 첫 번째 안은 모던한 건물로 기존 건물을 감싸는 것이었는데 승인되지 않았고, 흔치 않게 지하로 증축하는 두 번째 안으로 실현되었습니다. 증축된 지하에서 경사천창을 통해 '호그와트'를 바라보는 광경도 일품이지만 거리 풍경이 변치 않게 된 것이 더 큰 수확입니다. 40여 년이 지난 지금 되돌아보아도 캠퍼스의 40년 된 풍경을 존중하고 유지하려는 대학의 결정은 현명해 보입니다.

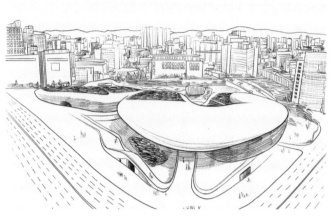

찬탄을 자아내는 DDP, 자하 하디드 설계 ©옥수민

발길 아래 웅크린 한양도성 ©옥수민

솟아오른 DDP와 숨겨진 한양도성
Seoul City Wall is hidden behind the DDP

서울 동대문에서 멀지 않은 곳에 유려한 실루엣과 압도적인
공간감으로 보는 이를 감동시키는 동대문 디자인 플라자DDP가
있습니다. 2007년 국제공모전에서 당선된 자하 하디드(Zaha Hadid)의
"환유[1]의 풍경Metonymic Landscape"은 2014년에 완공되어 디자인
서울을 대표하고 있습니다.

건물 뒤편 산책로 아래에서는 범상치 않은 흔적이 흘낏흘낏
보이는데 환유 개념을 위해 의도적으로 복원하지 않은 한양도성[2]의
파편입니다. 북악에서 낙산을 거쳐 동대문으로 각인되는 한양도성이
이렇게 엉거주춤 엎드리고 있는 모습을 보면 혜성같이 나타난
환유의 풍경으로서 DDP도 멋지지만 500년 넘게 이어온 도성의
풍경이 오히려 절실해집니다.

---

[1] 환유(換喩)란 어떤 것을 표현하기 위해 그것과 관련이 깊은 다른 것을 이용하는 비유 방법입니다. 예컨대 '펜을 들다'는 글을 쓴다는 표현인데 펜 대신 컴퓨터 자판으로 글을 쓸 때도 사용할 수 있을 것입니다.

[2] 한양도성은 조선 초기 태조 5년(1396)에 만들어진 성벽으로 전체 길이 18.6km로서 현존하는 전 세계의 도성 중에서 가장 오랫동안 그 기능을 수행했습니다. 동대문의 공식명칭은 흥인지문입니다.

출처: pixabay

건축설계는 조정의 과정이다
Architectural design is a process of mediation

하나의 건축물을 설계하기 위해서는 대지 조건, 프로그램, 구조, 설비, 재료, 법규, 예산, 공사 기간 등 수많은 사항을 고려해야 합니다. 문제는 이들 모두 중요하고, 많은 경우 개별 사항이 요구하는 가치가 서로 충돌한다는 것이지요.

여기서 자신의 주장만을 내세우며 다른 가치를 무시하는 독불장군이 되거나 수많은 고려사항에 묻혀 자신의 길을 잃는 미아가 되지 않도록 해야 합니다. 건축설계는 건축가의 분명한 의도 아래 각 사항의 중요도를 결정하고 개별 가치가 훼손되지 않도록 섬세하게 조정해나가는 과정입니다.

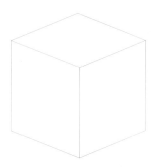

기본 육면체
15ft cubic volume

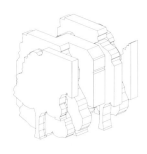

나무 형태의 켜
layers of trees

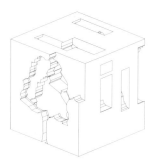

나무 부피를 추출해낸 육면체
substracted volume

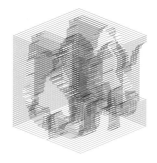

수평 윤곽선으로 분할된 부피
contoured volume

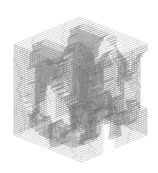

재료의 표현
metal conduit + steel bar

©김정수

단순함에서 풍부함으로
From simple to complex

설계에서 고려할 사항이 많다는 것은 그만큼 하나의 건축물에 포함되어야 할 이야기도 많다는 것입니다. 그러나 처음부터 수많은 이야기를 머릿속에 넣고 한 번에 해결해보겠다는 것은 가능하지도 효과적이지도 않습니다.

한 번에 하나씩 단계별로 해결해야 할 문제와 고려사항을 단순화시켜 해답을 찾아나가는 과정을 반복해야 합니다. 이 과정에서 처음에 생각하지 못했던 아이디어도 떠오르고 효과가 나타날 것입니다. 작은 씨앗에 물과 비료를 더해 무성한 나무로 키우듯, 단순하게 출발해 미시적인 아이디어와 효과를 더하면서 다양하고 풍부한 이야기를 가진 결과물로 키워내야 합니다.

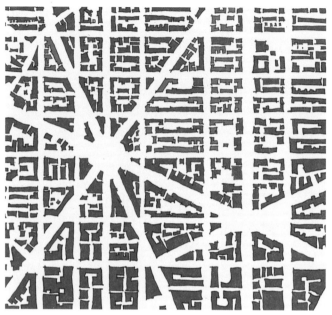

도시의 솔리드와 보이드 ©김남훈

도시는 누가 만드는가

Who makes a city?

도시설계는 사전적 의미로 도시의 환경과 도시 공간, 시가지 등을
계획·설계하는 것을 의미합니다. 많은 사람이 건물을 설계하는
건축가처럼 도시를 설계하는 누군가가 존재할 것이라는 막연한
상상을 합니다.

아무것도 없는 땅에 용도를 지정하고 도로를 효율적으로 구획하는
기술자(도시계획기술사)들이 도시를 만든다고 착각할 수 있습니다.
실제 그들도 그렇게 믿고 있습니다. 하지만 우리가 경험하는 도시는
건축(채워진 곳solid)과 건축이 없는 곳(비워진 곳void)으로 이루어집니다.
높은 하늘에서 도시를 내려다보면 비어 있는 공간이 명확히 보입니다.
우리는 이 비어 있는 공간에서 도시를 경험합니다. 따라서 도시의
모습을 결정하는 것은 도시의 채움을 어떻게 만들어 가는가에 달려
있다고 할 수 있습니다.

결국 도시를 만들어 가는데 가장 무거운 책임을 가진 이는 누구일까요.
비어 있는 공간을 채우는 역할을 하는 건축가Architects인 것입니다.

©김남훈

도시설계의 기본은 스케일의 이해다

Urban design begins with understanding of scale

건축가는 하나의 단일 건물이 아닌 여러 개의 건물이 모여 만들어지는 전체 블록을 디자인하기도 합니다. 이 과정을 배우는 과목이 도시설계수업의 도시스튜디오입니다. 우리는 종합계획(마스터플랜)이라는 과제를 수행하며 도시 공간을 창출하는데 건축대학 수업 중에서 가장 창의적으로 생각하고 상상력을 발휘해야 하는 시간 중 하나입니다. 그 이유는 완전히 새로운 스케일을 다루기 때문입니다. 천분의 일, 이천분의 일, 가끔 만분의 일의 축척으로 공간을 설계합니다. 이것은 우리의 시각적 범위를 벗어나는 상상의 영역입니다. 마블 영화의 캐릭터 '앤트맨'처럼 상상 속에서 커지기도 하고 작아지기도 하면서 우리 주변의 공간을 경험하고 인지할 수 있어야 합니다.

한번 상상해 봅시다. 일단 여기에 익숙해지면 훌륭한 도시건축가로 한 걸음 다가간 것입니다.

청계천 주변 서울 도심 보행공간 활성화 제안, 졸업설계 최종 이미지, 5학년 과정 ©정영후

졸업설계에서는 무엇을 설계할까

What could be the theme for graduation design studio?

건축과 도시에 관한 거라면 뭐든지 설계할 수 있습니다. 자유 주제인 경우 학생의 관심 분야가 졸업설계의 주제가 되겠고, 지정된 주제가 있는 경우에는 그 주제와 연관되는 설계 제안으로 풀어 가면 되겠지요. 우리 학교에서는 지도교수님들의 분야에 따라서 역사도시 내의 장소성, 건축의 구축성, 하우징(주거건축), 건축의 사회적 역할, 공공영역으로서의 건축, 전통건축 등의 대주제가 있고 학생들은 대주제와 연관해 구체적인 주제를 스스로 제안합니다. 자유 주제라고 해도 결코 쉬운 게 아니지요. 자신이 선택한 설계 대상지와 설계 주제의 연관성, 타당성, 창의성을 먼저 인정받아야 설계 작업을 시작할 수 있으므로 설계 주제와 대상지의 선택이 절반이라는 말을 많이 합니다.

©남다인

개념은 이미지를 동반한다

Concepts are accompanied by images

개념이란 어떤 사물이나 현상을 나타내는 여러 관념 속에서 공통된
것을 추상한 관념을 뜻합니다. 가령 '인간'이라는 개념을 봅시다.
실제로 우리가 지각하는 것은 '철수'나 '영호'와 같이 구체적으로
실재하는 개별자입니다. '인간'은 이들 여러 개별자의 공통된 속성을
추상한 것입니다. 보거나 만질 수 없는 추상적 관념일 뿐입니다.

그런데 모든 개념은 이미지를 동반합니다. 가령 '인간'이나
'나무'라는 개념을 이미지 없이 떠올리는 것은 불가능합니다.
'사랑', '평화' 등 추상명사 역시 특정한 장면 이미지를 동반하기는
마찬가지입니다.

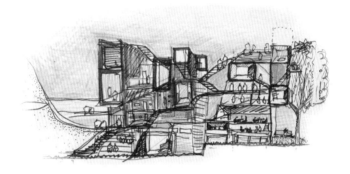

골목, 공유포켓을 통한 접속 확대: 서촌 옥인연립 기억의 재구성, 졸업설계, 5학년 과정
©남보라

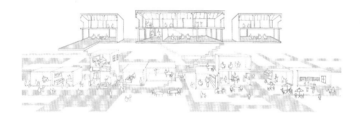

도시 조직의 수직적 확장: 시장 속 도서관, 졸업설계, 5학년 과정 ©이선영

설계 개념은 누구나 동일한 이미지를 연상할 수 있도록 구체화한 것이어야 한다

The design concept should be a concrete one

하나의 개념에 대해 사람마다 다른 이미지를 떠올릴 수 있습니다. 그러나 설계 개념은 누구나 특정한 이미지를 연상할 수 있을 만큼 보다 구체화한 개념이어야 합니다. 가령 '커뮤니티가 활발한 동네'는 개념이라 할 수는 있어도 설계 개념은 될 수 없습니다. 너무 추상적이어서 서로 다른 여러 이미지가 연상될 수 있기 때문입니다. 목표로 할 이미지가 분명치 않으니 설계를 시작할 수도 없습니다.

'모든 집이 골목에 직접 연결되어 골목이 커뮤니티의 장이 되는 동네' 정도면 어떨까요. 이미지가 떠오르지 않나요? 이를 목표로 설계를 시작할 수 있지 않을까요?

출처: Unsplash

개념이 특정한 이미지로 고정되는 것을 경계하라

Be wary of fixing concept to a specific image

개념은 특정한 이미지로 고정되려는 속성을 갖습니다. 예컨대 '사과'가 빨간 사과만 있는 것이 아닌데 사과를 그릴 때면 으레 빨간 사과를 그리곤 합니다. 아파트가 모두 똑같은 것도 주택정책 담당자, 수요자, 설계자가 '아파트'라는 개념을 특정한 이미지로 한정하고 있기 때문입니다. "고정관념에서 벗어나라."는 것은 개념을 특정한 이미지로 한정하지 말라는 얘기입니다.

고정관념에서 벗어나려면 상상력 훈련도 필요하지만 여러 설계 작품 속에서 다양한 '개념-이미지' 쌍을 학습하는 것이 가장 효과적입니다. 건축설계에서(답사를 가든 작품집을 보든) 설계사례 연구가 가장 중요한 공부인 이유입니다.

졸업설계 최종 패널 ©조상은

건축대학에서도 졸업논문을 쓸까
Graduation thesis in architecture?

그렇습니다. 건축대학 역시 졸업하기 위해서는 졸업논문을 통과해야
합니다. 그런데 전공의 특성상 텍스트 위주의 이론형 논문이
아니고 도면과 다이어그램, 모형 등으로 자신의 건축적 아이디어나
도시적인 해법 등을 제안하는 설계형 논문이지요. 졸업 학년의 두
학기를 거치며 작업하기 때문에 흔히 '졸업설계'라고 부른답니다.
졸업설계의 주제는 매우 다양하며, 일반적으로는 학생 스스로
정하고(자유주제) 그 주제에 맞추어서 지도교수님을 선택하게 되지요.
학기 중에는 지도교수님의 개인 지도 아래 작업을 진행하며 몇
차례에 걸쳐서 공개발표회(오픈 크리틱)도 가진답니다. 무척 힘든
과정이지만 껍데기를 깨고 세상으로 나오는 병아리처럼, 건축가로서
성장하기 위한 마지막 훈련인 셈이죠.

My home is a city, 졸업설계, 5학년 과정 ©이형래

졸업설계는 자신의 건축관을
세상에 알리는 선언이다

Graduation project is a manifesto to architecture

마야 린Maya Lin이라는 미국 건축가는 예일대학교 3학년 때 '베트남 전쟁 기념비 공모전'에서 당선되어 워싱턴에 있는 베트남 전쟁 기념비의 설계자가 되었습니다. 모세 사프디Moshe Safdie는 대학원 프로젝트를 발전시켜 20대에 몬트리올 올림픽 주거인 '하비타트 67'을 완성합니다. 물론 이런 일이 일어나는 것은 흔하지 않습니다.

이런 에피소드에서 우리가 느껴야 하는 것은 학생 신분이어서 여러분이 추구하는 건축은 어딘가 모자란다고 생각하지 말라는 것입니다. 졸업을 하고 연륜이 쌓인다고 내가 생각하고 있는 건축의 근원이 쉽게 바뀌지는 않습니다.

우리 모두는 자신 안에 비범함을 가지고 있으며 이를 드러내면 됩니다. 졸업 프로젝트는 자신이 믿고, 앞으로 실현하고 싶은 건축을 계획해보는 소중한 기회입니다.

명지대-베니스건축대학 국제디자인워크숍 ©전진영

국제화 시대의 건축수업
Studying architecture in a globalized world

IT 기술의 비약적인 발전에 힘입어 세계는 작은 동네처럼
변했습니다. 지구촌 어디에서 어떤 일이 일어나든지 실시간에
전달되고 공유되는 온라인 시대가 되었지요. 그렇다면 오프라인
접촉은 필요 없을까요? 연인끼리, 친구끼리 매순간 소셜 네트워크를
통해 서로의 상황을 알리고 소통하는 일이 가능해졌다고 해서
실제의 만남이 없어지는 건 아니지요. 건축 분야에서도 국제적인
협력 기회가 점점 증가하는 추세이므로 외국의 건축디자이너들과
만나서 같이 땀 흘리며 작업하는 경험은 더욱 중요해졌답니다.
유럽이나 미국 등 건축이 발전한 곳에 가서 현지의 건축가, 교수님,
학생과 공동 작업하는 한편 틈틈이 명작 건축물을 답사하는
교과목이 '국제디자인워크숍'입니다.

명지대-베니스건축대학 국제디자인워크숍 ⓒ전진영

건축 도면은 만국공통어이다
Architectural drawings are a universal language

국제디자인워크숍에서는 영어가 필수인가요?

꼭 그렇지도 않습니다. 물론 외국어 실력이 좋으면 유리하긴 하죠. 그런데 어학실력보다 중요한 소통 수단이 있습니다. 바로 열린 마음이죠. 열린 마음만 있으면 얼마든지 외국의 건축가나 교수님, 학생들과 소통할 수 있습니다. 우리에겐 스케치와 도면이라는 소통의 도구가 있거든요. 잠깐 사이에 만든 초벌 모형도 종종 큰 역할을 합니다. 완벽한 영어를 구사하지 못해도 스케치나 모형을 놓고 몇 개의 키워드만 얘기할 수 있으면 되죠. 건축용어의 개수가 무한대가 아니고, 특히 학부 단계에서 사용하는 용어는 몇십 가지 안 되니까요. 어설픈 영어로 프로젝트를 발표하고서도 외국인 교수님에게 높은 점수를 받는 경우도 있고 그 반대의 경우도 많습니다. 열정과 당당함으로 보여주는 스케치나 도면은 유창한 영어 실력보다 더 강력한 전달력이 있나 봅니다.

오래된 주택가 ©옥수민

"장소의 혼과 소감을 훼손하는 세계는 어떤 식으로든 빈곤해진다"

"Genius Loci, the spirit of place"

집짓기에는 새로 짓는 '신축'이 있고, 고쳐서 사용하는 '수선'과 덧붙여 짓는 '증축' 등이 있습니다. 고치거나 덧붙여 짓는 모든 일을 건축법에서는 이제 '리모델링'이라 부르고 있습니다.

동네에 있던 건물을 철거하고 다시 짓게 되면 전에 비해 규모가 커지고 표정도 바뀌는 등 이전과는 많이 다르게 되기 마련입니다. 이런 개발의 시기를 거치게 되면 20~30년 전 흔적조차도 찾기 어려워지지요. 그렇게 변한 동네를 다시 찾아갔을 때 옛 기억을 확인할 수 없게 된다면 그 시절의 삶의 추억은 어디에 깃들 수 있을까요?

캐나다의 지리학자 에드워드 렐프Edward Relph는 이렇게 말합니다, "장소의 혼과 소감을 훼손하는 세계는 어떤 식으로든 빈곤해진다."

'장소성'을 찾는다는 점에서는 건축가와 지리학자의 구별이 없어 보입니다.

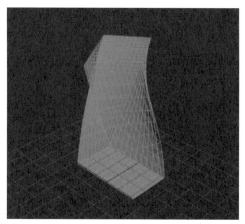

그림 1

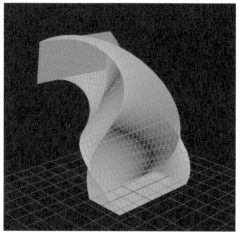

그림 2

컴퓨터의 도움 없이 상상하기 힘든 형태 ⓒ이상현

컴퓨터는 내 머리를 100배
잘 쓸 수 있게 해준다
Computer aids our thinking

컴퓨터는 내 머리를 여러모로 100배쯤 잘 쓸 수 있게 해줍니다.
사람이 머리로 구상할 수 있는 형상에 대해서 생각해 봅시다.
상상은 자유이니 무한하게 맘껏 형상을 머릿속에 떠올릴 수 있다고
생각하시나요. 실상은 그렇지 않습니다.

그림 1을 봅시다. 긴 직사각형이 비틀어진 형상을 머릿속에서 그려낼
수 있나요? 대부분 그렇다고 대답하셨겠죠. 그림 1처럼 그려보는 건
그리 어렵지 않습니다. 좀 더 나가볼까요. 비트는 각도를 더해볼까요.
누군가는 "어 쉽지 않네." 할 것이고 또 누군가는 "그쯤이야"라고
하셨겠죠. 사람마다 복잡한 형상을 구상하는 선천적인 능력에
차이가 있으니 인정할 만합니다.

그림 2처럼 한 바퀴 정도 비틀었다고 상상해 봅시다. 이 모양이
구상 가능한가요? 상상 가능하다고 하는 사람이 있겠죠. 그렇다면
이제는 구부리기를 더해볼까요. 360도를 비튼 다음 90도를
구부리면 어떤 모양이 될까요? 상상되나요? 이걸 세세하게 구상할
수 있는 사람은 없습니다. 자존심이 상할 수도 있겠지만 컴퓨터의
도움이 필요합니다.

$$9!$$

$$= 9 * 8 * 7 * 6 * 5 * 4 * 3 * 2 * 1$$

$$= 362,880$$

컴퓨터는 중요한 걸 빼먹지 않게 도와준다

Computer helps us to organize tasks

건축설계는 여러 개의 방을 3차원에 늘어놓는 작업을 포함합니다.
아주 조금 과장해도 된다면 그게 전부라고 해도 좋을 정도입니다.
건축가는 자신이 배운 지식과 습득한 경험을 바탕으로 방을 공간에
배치합니다. 이론과 숙달 덕에 쓱쓱 공간을 이리저리 무리 없이
배치합니다. 그런데 한 번 생각해 봅시다. 방이 공간에서 나열될
수 있는 모든 가능성을 탐구했을까요? 답은 분명합니다. 아닙니다.
그냥 자신에게 익숙한 배열을 중심으로 나열하고 있다고 봐야 할
것입니다.

간단한 사례로 방이 다섯 개 있는 집을 설계한다고 생각해 보지요.
방이 다섯 개라면 그걸 한 줄로 늘어놓는다고 해도 경우의 수는
5팩토리얼, 120입니다. 건축은 방을 3차원 공간에 나열하는
작업이니 방을 공간에 나열하는 경우의 수는 120×120×120이
됩니다. 10의 6승 개가 넘어간다는 얘기입니다. 보통 사람이
10의 6승 개를 일일이 다 검토하자면 한평생도 모자랄 것입니다.
건축가의 지식과 경험을 통해 무의미할 것 같은 경우의 수를
줄여가지 않는다면 평생을 걸려도 방 다섯 개짜리 집을 짓지
못한다는 얘기가 됩니다.

이 얘기는 두 가지 방향에서 의미 있습니다. 하나는 건축가의 지식과
경험이 그렇게 큰 역할을 한다는 점입니다. 다른 하나는 사람에
따라서 또 때에 따라서 아무리 훌륭한 건축가라도 슬쩍슬쩍 빼먹고
넘어가는 중요한 대안이 있을 수밖에 없다는 점입니다. 이럴 때
컴퓨터는 중요한 걸 빼먹지 않게 도와줍니다.

미술관 프로젝트, 2학년 과정 ©조재훈

가상현실은 훌륭한 소통수단이다
Virtual reality is a great way to communicate

사람이 다른 사람의 말을 잘 알아듣는다는 건 보통 어려운 일이
아닙니다. 우리가 다른 사람과 어울려 하는 일상생활을 큰 무리 없이
할 수 있는 것은 서로의 말을 잘 알아들어서가 아닙니다. 누군가
다른 사람과 어울려 있는 상황에서 할 수 있거나 해야 할 일이 매우
한정적이기 때문에 서로가 원하는 바를 그리 어렵지 않게 눈치 챌
수 있을 뿐입니다.

낯선 상황에서 만나는 낯선 사람과의 대화는 쉽지 않습니다.
건축가와 건축주의 관계가 그렇습니다. 집 하나를 설계한다는 것은
새로운 세계를 만드는 것과 같은 낯선 상황입니다. 게다가 건축가와
건축주는 이제 처음 만난 낯선 사이입니다. 둘 사이에 조화로운
대화가 이어져서 건축주가 원하는 걸 건축가가 다 알 수 있고,
건축가의 의도를 건축주가 다 이해하기를 바란다는 건 매우 어려운
일입니다.

건축가와 건축주 사이의 이해를 돕는 가장 좋은 방법은 실제로 있는
그대로의 공간을 보여주는 방법입니다. 그래서 축소모형을 만들지만
그걸로 충분하지 않습니다. 축소모형은 공간을 보여주기는 하지만
실제 같은 경험을 할 수 있게 해주진 않습니다. 이때 사용할 수
있는 것이 가상현실입니다. 가상현실 속에서 건축가와 건축주는
공간을 같이 거닐면서 이 공간은 이렇고 저 공간은 저렇다고 대화를
주고받을 수 있게 됩니다. 가상현실이 의사소통의 궁극의 도구가
될 리는 없지만 그래도 현재로 보자면 최고의 의사소통 수단임은
분명합니다.

인사동길 'infill' 프로젝트, 3학년 과정 ©정경윤

건축설계에서 소통은 시각에 의존한다

Architectural communication relies on visual medium

건축계획을 한다는 것은 건축가가 가지고 있는 이상과 창작 의지,
풀어야 할 문제의 해법을 설계안으로 보여주는 행위입니다.
이때 제시되는 건축계획이 어떤 성격인지, 어떻게 구성되는지,
어떤 기능을 가지고 있으며 주어진 문제를 어떻게 풀 수 있는지를
나타내는 방법으로 2차원 도면 또는 3차원 모형을 이용한
소통 방법이 있지요. 건축 아이디어 소통에서 가장 기본이 되는
방법은 2차원에 무엇인가를 나타내는 시각적 표현물이며 이것을
'도면'이라고 합니다. 도면의 범위는 상당히 넓습니다. 때로는
건축가가 최종적으로 제공하는 계약문서가 되기도 합니다.
하지만 무엇보다 중요한 역할은 기초적인 설계 아이디어를 생성하고
발전시키며 효과적으로 소통하기 위한 도구라는 점입니다.
2차원 도면에 의한 효과적인 건축 시각 표현의 원리를 이해하면
건축설계에 능숙해질 수 있으며 건축 아이디어 소통의 달인이 될 수
있습니다.

추사고택의 비대칭 구도 ©김왕직

한국건축은 비대칭이다
Asymmetrical qualities of Korean Architecture

한국건축은 대칭과 비대칭으로 나누어 볼 수 있습니다. 경복궁 근정전 영역은 궁궐로서 권위가 있어야 하기 때문에 대칭을 이룹니다. 그러나 대부분의 한국건축은 비대칭입니다.

대칭은 이성, 정돈, 합리, 권위, 무거움 등과 같은 성격이지만 비대칭은 감성, 자유, 혼돈, 역동성 등으로 표현됩니다. 한국건축에는 비대칭이 주는 감성의 자유로움과 에너지가 충만한 역동성이 있습니다.

건축은 자연환경 이외에도 민족의 고유한 미학과 정체성이 반영되어 만들어집니다.

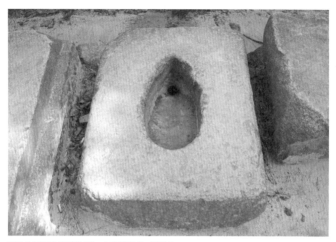

불국사 극락전 마당에 있는 수세식 변기 ⓒ김왕직

경주 월성에서 발굴된 수세식 화장실 유구

출처: 국립경주문화재연구소,《경주 동궁과 월지 Ⅲ 발굴조사보고서》, 2019.
경주문화재연구소 제공

수세식 화장실의 원조는 한국이다
Flush toilets in 6th century Korea

요즘 사용하는 양변기는 대부분 수세식 변기입니다. 양변기는 19세기 서양에서 개발되어 우리나라에 수입되었으며 위생적이고 깨끗해 누구나 사용하고 있습니다.

물로 씻어 내리는 방식의 변기가 이미 신라에서 사용되었다는 사실을 알고 있나요. 최근 발굴을 통해 유물로 확인되었습니다. 경주 월성을 발굴하는 과정에서 도랑 위에 수세식 변기 틀을 걸쳐놓은 유적이 발견되었으며 경주 불국사 뜰에도 당시 사용했던 돌로 만든 수세식 변기 틀이 놓여 있습니다. 양변기보다 천 년 이상 앞선 한국의 첨단 화장실 문화를 볼 수 있습니다.

높고 세장한 공간감을 체험할 수 있는 프랑스 고딕건축 아미앵 성당 ©김란수

건축은 체험해봐야 한다
You should experience architecture in person

요즘은 인터넷과 소셜 미디어가 발달해 좋은 건축물에 대한 시각
자료가 넘쳐납니다. 그럼에도 건축물을 직접 찾아가서 체험해야
그 건축물에 대한 실제 느낌을 알 수 있습니다. 몸으로 체험하는
건축물의 실제 공간 크기는 사진을 보고 느낀 것과는 차이가
있습니다. 시각뿐 아니라 청각, 후각, 촉각, 공감각을 통해 느끼는
공간에 대한 실제 분위기는 시간과 계절에 따라 매우 다르게
받아들여질 수 있고 기억에도 오래 남습니다.

독창적인 건축물을 지으려면 좋은 건축물을 체험해 얻은
자신만의 감각 데이터베이스를 축적할 필요가 있습니다. 그래서
건축대학에서는 건축 역사, 이론과 기술에 대한 지식을 주는 다양한
이론 전문 과목을 제공할 뿐 아니라 이런 이론을 실제 적용할 수
있는 여러 건축 관련 동아리, 답사, 해외 프로그램 등 체험 위주의
비교과 및 교과 활동도 마련하고 있습니다.

팔라초 테, 줄리오 로마노 설계 ⓒ김란수

건축은 알아야 즐길 수 있다
You can enjoy architecture only if you know it

건축가가 되기 위해서는 건축적인 끼가 있어야 합니다.
그러나 이런 끼가 손재주를 의미하지는 않습니다. 여전히 설계
작업에서 손으로 한 스케치가 유효하기는 하지만, 이것 역시 잘
그린 그림이라기보다는 건축가의 아이디어를 쉽게 보여주기 위한
방편입니다. 설계 도면을 그리기 이전에 건축 전공 학생들은 적용할
새로운 아이디어를 가지고 있어야 합니다. 새로운 아이디어를
갖기 위해서는 우선 기존 건축 지식을 습득해야 하고, 그것을 즐길
수 있는 안목도 필요합니다. 사례로 줄리오 로마노Giulio Romano가
설계한 팔라초 테Palazzo Te의 입면은 르네상스 초기의 고전 원칙에서
많이 벗어나 있습니다. 건축가는 고전 원칙에 능통한 지식계층에게
파격의 즐거움을 주고자 이런 특이한 건축물을 지었고, 당대와
현재까지 관람객의 호응을 얻고 있습니다.
이 건축물을 즐기기 위해서는 고전 원칙에 대한 충분한 지식이
필요합니다.

고전 원칙에서 벗어난 부분이 어디인지 찾아볼까요.

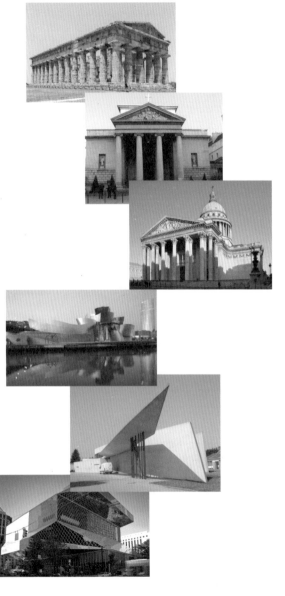

©이종우, Wikimedia Commons

"하늘 아래 새로운 것은 없다"?
"There is nothing new under the sun"?

성경에서 유래된 이 문구는 '고전(classic, 시대를 초월하는 뛰어난 선례)'의
재해석으로 요약되는 서양건축의 역사를 대변해주는 듯합니다.
고대 그리스의 신전이나 고대 로마의 바실리카와 같은 건축물은
'고전'으로 여겨지며 20세기 초반까지 건축가들이 새로운
건물을 설계할 때 으레 기본으로 삼고 따라야 하는 모범으로
받아들여졌습니다.

반면 오늘날 사람들이 건축가에게 기대하는 것은 '전적으로 새로운',
'창의적인' 건축물이고, 프랭크 게리, 자하 하디드, 렘 콜하스 등
세계를 이끌어가는 건축가들은 놀랍도록 새로운 디자인을 선보이며
그러한 기대에 부응하고 있습니다.

그렇다면, 고전을 되풀이하는 건축이 아닌 전적으로 새로운 건축을
추구하는 태도는 언제 시작되었을까요? 무엇이 그런 변화를
만들었을까요?

새로움을 추구하는 태도는 우리의 환경을 구성하는 현대적
건축물이 등장하는 데 중요한 기초가 되었는데, 과학 기술의
발전, 역사에 대한 생각의 변화, 새로운 사회 계층의 등장 등 여러
요인이 모여서 만들어졌습니다. 우리가 보통 근대건축modern
architecture이라고 부르는 19세기 후반부터 20세기 전반까지 건축의
역사는 이 변화의 과정을 잘 담고 있습니다.

©이종우

경사지붕! 아니 평지붕!

Gable roof or flat roof?

19세기 후반에서 20세기 전반은 우리가 요즘 너무도 당연히 생각하고 있는 건축물의 모습이 등장한 시기였습니다. 초고층 건축물, 철골 구조, 전면이 유리로 된 건축물, 아파트, 백화점 등... 새롭게 등장한 건축을 우리 시대의 건축을 의미하는 '근대건축'이라 부르는데 대표적 특징으로 '평지붕flat roof' 즉 가운데가 뾰족하게 솟아오른 경사지붕과 대비되는 평평한 지붕을 들 수 있습니다. 평지붕을 갖는 건축물은 19세기 말 재료의 절감과 옥상 공간의 활용이라는 경제적, 기술적 장점을 내세우며 확산되었고 1920년대 즈음에 이르면 근대건축의 대표적인 어휘로 자리 잡게 됩니다.

흥미로운 점은 이 과정에서 평지붕과 여태껏 건물의 전형적인 모습을 만들어온 경사지붕 사이에서 단순하지 않은 선택의 문제가 불거졌다는 것입니다. 어떤 것이 더 한나라의 민족성을 드러내는가, 무엇이 진보적이고 무엇이 보수적인가, 어떤 건물이 더 시대를 대변하는가... 지붕의 종류를 선택하는 것은 복잡한 사회문화적 쟁점과 관계되었습니다.

우리는 현재 지어지는 건축물에서 경사지붕이 종종 사용되는 것을 볼 수 있는데, 이것은 근대건축을 대표하는 평지붕과 보다 전통적인 경사지붕 모두 건축가가 자유롭게 선택하고 활용할 수 있는 옵션으로 자리잡았기 때문입니다.

이처럼 건축의 역사에서 우리는 종종 건축물의 형태가 사회적, 정치적, 문화적, 기술적 문제와 연결되어 있음을 발견하게 될 것입니다. 왜냐하면 건축이라는 분야가 다른 어떤 것보다도 그러하기 때문입니다.

동양에서 가장 오래된 목조건축인 호류지 금당 ©김왕직

우리 건축, 일본에서 꽃 피우다
Our architecture flourishes in Japan

일본에는 동양에서 가장 오래되었다는 목조건축인 호류지法隆寺
금당이 있습니다. 710년 이전에 건축된 것으로 백제와 고구려의
건축이 녹아 있습니다. 우리나라는 인도로부터 불교를 받아들이고
일본에 불교를 전해주었습니다. 일본에 불교를 전해준 것은 538년
백제입니다. 불교의 전파와 함께 불교건축도 넘어가면서 일본에서는
그전에는 없었던 기단과 초석, 기와가 사용되기 시작했습니다.
호류지는 현존하는 일본 건물 중에서 가장 오래된 건물이고 건물은
물론 내부의 불상과 벽화 등도 한반도에서 넘어간 기술자들에 의해
만들어졌습니다. 일본 최초의 사찰이라고 하는 아스카데라飛鳥寺도
배치가 고구려의 사찰과 같고 백제와 고구려 스님이 주지를 맡았던
사찰입니다.

이처럼 한국의 고대건축은 일본에서 꽃을 피웠습니다.

세계 최고의 석굴, 석굴암 ⓒ김왕직

인도에서 들여온 석굴건축
한국에서 꽃을 피우다
Grotto from India reaches apex in Korea

불교는 인도에서 만들어져서 북위를 통해 한국에 들어왔습니다.
중인도에서는 뜨겁고 건조한 사막기후이기 때문에 쾌적한
수행처로 석굴이 많이 만들어졌습니다. 불교를 받아들인 신라의
재상 김대성은 석굴을 축조하기 위해 고민이 많았습니다. 한국의
기후조건은 덥고 습해 석굴이 적합하지 않기 때문입니다. 김대성은
통풍과 습기 제거를 위해 돌을 축조해 석굴을 만들고 본존불을
중심으로 사방의 벽면에 전세계에서 모인 듯한 인상의 제자상을
조각해 넣었습니다. 전면 예배실에서 바라볼 때 원근과 상하
각도를 고려해 착시현상이 없도록 불상의 크기와 광배의 위치를
설계했습니다. 석굴암은 구조와 조형성, 설계 능력으로 보았을 때
동양 최고의 석굴이라고 할 수 있습니다.

원주 법천사지 발굴 현장 견학 모습 ⓒ김왕직

유적과 유물로 고대건축의 모습을 밝힌다

Revealing the ancient architecture through archeology

한국에서 현존하는 가장 오래된 건물은 12세기에 건축된 봉정사 극락전입니다. 이를 포함해 고려시대 건물로 남아있는 것은 부석사 무량수전, 수덕사 대웅전, 영천 은해사 거조암 영산전, 강릉 임영관 삼문 등 여섯 동에 불과합니다. 이 여섯 동으로 고려시대 건축을 이해하기는 어렵습니다. 더욱이 신라와 백제, 고구려의 건축은 한 동도 남아있지 않기 때문에 이 시대의 건축을 이해한다는 것은 불가능할 정도입니다. 따라서 지상에 남아있는 건축만으로 건축사를 연구하는 것은 한계가 있습니다. 이를 도와주는 것이 '건축고고학'입니다.

고고학은 '인간이 남긴 유적과 유물을 통해 과거의 문화와 역사 및 생활을 연구하는 학문' 분야입니다. 따라서 건축고고학은 건축 유적과 유물을 통해 과거 건축을 연구하는 분야라고 할 수 있지요. 고고학적 지식과 건축적 지식의 결합으로 이루어진 학문 분야로 건축 유적의 발굴뿐만 아니라 지상 건축물이 어떠한 모습이었을지 복원해 내는 분야이기도 합니다.

근래에는 백제 말기의 도성이라고 할 수 있는 익산 왕궁리 유적이 발굴을 통해 전모가 밝혀졌고 신라 시대 후기 궁궐인 경주 월성은 현재 발굴 진행중입니다. 원주의 법천사지는 고려 시대 사찰건축의 면모를 잘 드러냈으며 양주 회암사지에서는 고려 시대 말 온돌이 잘 나타났습니다.

건축고고학은 건축 역사를 더욱 풍부하게 하고 유물을 통해 건축의 모습을 고증해내는 과학적인 분야로 풍부한 역사적 상상력이 필요한 분야입니다.

1851년 런던 만국박람회 전시장으로 건축된 수정궁(Crystal Palace), 런던, 조셉 팩스톤 설계
출처: Wikimedia Commons

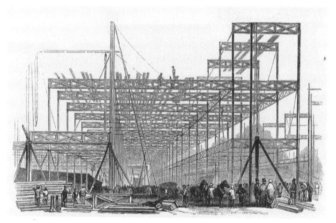

공사중인 수정궁 출처: Wikimedia Commons

1851년 런던 만국박람회 전시장으로 건축된 길이 564m, 실내 높이 39m 건축물. 공장 제작
철골 부재를 현장 조립하는 공법으로 5개월 만에 완공. 당시의 엄청난 생산력 발전을 대중이
실감하게 만든 사건이었습니다.

생산의 역사로 보는 건축의 역사

The history of architecture as the history of production

"건축은 시대의 거울"이라는 말이 있습니다. 건축물에는
정치·경제·문화·예술·기술 등 그 건축물을 생산한 시대와 사회의
모든 속성이 반영되어 있다는 뜻입니다. 유럽 중세도시에 서 있는
대성당, 프랑스 파리를 대표하는 에펠탑. 왜 이들이 그 도시와
그 나라를 대표하는 가장 중요한 건축물일까요. 언제 누가 왜 그런
건축을 애써 건축했을까요.

건축물의 형태적 특징을 중심으로 하는 건축양식의 역사는
건축 역사의 일부일 뿐입니다. 어떤 사회 세력이 왜 그 건축물을
건축했는가, 그 건축물이 어떤 재료와 어떤 건축기술로
건축되었는가 라는 질문이 그 시대 그 사회와 그 건축물의 성격을
보다 명쾌하게 밝혀줄 수 있습니다. 우리 시대 우리 사회에서 어떤
건축을 해야 하는가를 공부하고 고민하는 건축가라면 더욱 그러할
것입니다.

윤동주문학관, 이소진 설계 ©김란수

건축물은 변한다

Architecture changes

요즘 우리나라에서는 건물을 없애고 새로 짓는 방법보다 낡은
건물을 재활용해 변신시키는 방법을 택하는 경우가 예전보다
늘어나는 추세입니다. 이런 이유는 건축물에도 연륜이 있고 그
세월의 가치를 인정하는 문화가 조성되고 있기 때문일 것입니다.
아뜰리에 리옹의 이소진 건축가는 쓰임이 다한 청운수도가압장의
건물과 물탱크실을 리모델링해 '운동주문학관'으로 변모시켰습니다.

서양에서는 이미 오래전부터 리모델링 전통을 중요시했습니다.
우리가 잘 아는 이탈리아의 미켈란젤로는 고대 로마
디오클레티아누스 욕장 일부를 개조해 산타마리아 델리 안젤리
에데이 마르티리 교회Santa Maria degli Angeli e dei Martiri로 설계했습니다.
낡은 건물을 전혀 다른 새로운 건축물로 변신시킬 수 있는 리모델링
건축은 매력적인 분야입니다.

프랑스 파리 라빌레트 공원의 폴리, 베르나르 추미 설계 ⓒ김란수

인스턴트 건축이 있다

We have instant architecture

식품에 인스턴트 식품이 있듯이 건축에도 '인스턴트 건축'이 있습니다. 인스턴트 식품이 수송과 휴대가 간편하고 단시간에 쉽게 조리해 먹을 수 있듯이, 건축에서도 폴리나 파빌리온과 같은 구조물은 행사를 위해 빠른 시간에 짓고, 또 필요하다면 그 용도를 쉽게 바꾸거나 해체해 다른 장소로 옮겨 재조립할 수도 있습니다.

베르나르 추미Benard Tschumi 건축가는 1860년대 이후 도축장과 고기 시장으로 쓰이다가 방치된 곳을 라빌레트 공원으로 변모시켰습니다. 그는 기존 대지 위에 점, 선, 면의 다른 레이어를 중첩했습니다. 특히 대지를 120×120m 그리드로 분할하고, 이 그리드가 만나는 각 점에 붉은색의 10m 큐브 철재 프레임을 해체 구축해놓고 이런 구조물을 '폴리Folie'라고 불렀습니다. 일반 건축물이 짓는 데에 시간과 비용이 많이 드는 것과 비교해 폴리와 같은 인스턴트 건축은 비교적 적은 비용과 짧은 시간이면 충분합니다. 인스턴트 건축물은 공연예술, 이벤트, 미디어, 사회 및 정치적 이슈 등을 담는 특이한 형상을 제공해 도시 옥외 공간을 재활성화하기 때문에 앞으로도 활용도가 증가될 것으로 예상됩니다.

가쓰라리큐(桂離宮) 경내의 차실(茶室) 쇼킨데이(松琴亭) 내부공간, 일본 교토 ⓒ한지만

명재고택 중문간에서 바라보는 안마당과 안채, 충남 논산 ⓒ한지만

닮은 듯 다른 한국건축과 일본건축
Traditional architecture of Korea and Japan

한국과 일본은 고대 이래로 중국의 영향을 받으며 건축문화를 발전시켜 왔으며, 특히 일본의 고대건축 성립에는 한국의 영향도 컸다는 점은 잘 알려져 있습니다. 이런 이유로 한국과 일본의 전통건축에는 비슷한 점이 많습니다. 두 나라의 사회구조나 생활양식과 같은 인문환경과 기후나 지리 여건 등 자연환경이 서로 달랐고, 이것은 건축의 차이를 만드는 원인의 하나가 되었습니다.

주택건축을 볼까요. 섬나라 일본은 무덥고 습한 여름철을 쾌적하게 지낼 수 있는 형태로 발달해 갔습니다. 건물의 바닥 전체를 높여 마루를 깔고, 사방으로 문을 달아 통풍이 잘되게 했습니다. 현관에서 신을 벗고 실내 바닥에 오르면 따로 밖에 나가지 않아도 기본적인 주거 행위가 가능하도록 내부공간을 확장하고 연결하는 형태로 발전했습니다. 건축을 장식하는 의장 요소나 외부공간의 정원 역시 주로 건물 내부에서 바라보는 것을 전제로 이루어져 있습니다. 반면 한국의 전통 주택은 한서의 차가 뚜렷한 기후로 인해 개방적인 여름용 마루와 겨울을 따뜻하게 지낼 수 있는 폐쇄적인 형태의 온돌방을 한 지붕 아래에 구성했습니다. 용도별로 분화된 각각의 건물을 직접 연결하지 않고, 사이의 마당을 이용해 기능적으로 조직하고 시각적으로 통합했습니다. 이렇게 한국의 전통건축은 마당과 건물을 조합해서 건축의 내부공간과 외부공간을 아울러 조직하는 방식을 발달시켜 왔습니다.

내부공간 위주로 발달해 온 일본의 전통건축은 실내에 앉아서, 한국의 전통건축은 건물의 안과 밖을 움직이면서 건축의 공간과 형태가 만들어내는 효과의 진면목을 제대로 느낄 수 있습니다.

명옥헌, 전남 담양 ⓒ한지만

우리 건축의 역사 깊게 들여다보기

Korean architecture adapting to needs

건축의 출발은 환경 조절이 가능한 내부공간을 만드는 것이었습니다. 시간이 지나면서 생활이 복잡해지고 건축이 수용해야 할 기능이 다양해짐에 따라 건축의 내부공간도 확장되어 갔습니다. 그리고 내부공간 확장의 요구는 건축 구조기술의 발달을 촉진했습니다.

한옥은 기둥 위에 보를 걸고, 그 위에 서까래를 얹어 집의 뼈대를 만듭니다. 각 부재는 끝을 정교하게 가공해 짜맞추는 방식으로 고정합니다. 이렇게 건물의 뼈대를 만드는 방식을 '가구식 구조'라고 합니다. 네 귀퉁이에 기둥을 세우면 공간을 형성하는 기본 단위가 만들어지는데 이것이 '한 칸'이 됩니다. 공간을 확장하려면 칸의 수를 늘리거나 칸의 크기를 키우면 됩니다. 칸의 수를 늘리면 기둥이 많아져 불편합니다. 그래서 칸의 크기를 키우는 방법을 함께 사용합니다.

한옥의 구조는 상부에 삼각형 지붕틀을 올리기 때문에 칸의 크기를 키우기 위해 기술적 고려가 필요합니다. 집의 규모가 커지면 기둥 위에 건 대들보 위에 다시 종보라고 하는 짧은 보를 올려 지붕틀을 만듭니다. 보의 양 끝에는 서까래가 걸려 하중이 집중되기 때문에 종보의 길이를 한 칸 규모로 하고 양 끝의 위치가 하부의 기둥과 일치되도록 하는 것이 고전적인 방식입니다. 그런데 조선 후기가 되면 이 방식에서 벗어나 종보 길이와 무관하게 대들보 아래의 기둥 간격을 조절하는 방식이 나타납니다. 공간 확장의 요구가 이러한 기술의 발달을 초래한 것입니다.

부석사, 경북 영주 ⓒ한지만

건축가의 눈으로 우리 건축의 역사 들여다보기

Looking into the history of our architecture with the eyes of an architect

건축물을 제대로 이해하고 감상할 수 있는 효과적인 방법은 우리가 건축가의 입장이 되어 그의 눈으로 들여다보는 것입니다. 이것은 과거의 건축에 대해서도 마찬가지입니다. 과거의 건축은 인간이 지금보다는 덜 복잡한 삶을 살고, 더 겸손한 자세로 자연을 대했고, 덜 이기적이었을 때 만들어진 모습으로 현재에 남아있습니다.

우리가 당시에 활동했던 건축가라고 생각하고 이 땅에 남아있는 과거의 건축을 자꾸 들여다보면 어느 순간 군더더기를 벗어던진 건축의 본질적인 요체가 보이기 시작합니다. 단 전제 조건이 있습니다. 당시 사회문화와 건축구조에 관한 약간의 지식과 여러 번 반복해서 들여다보는 것입니다. 그러면 과거 건축의 진면목과 함께 복잡한 현재를 살아가는 우리가 잊고 있던 소중한 가치가 보일 것입니다. 우리 건축의 역사를 공부해야 하는 이유가 바로 여기에 있습니다.

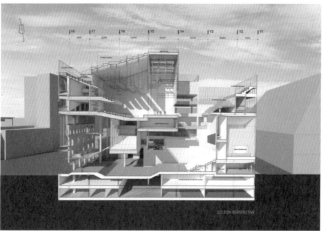

명동극장 리노베이션, 5학년 과정 ⓒ이혜진

건축가는 도시의 기억과 이야기를 이어나가는 전승자이다

An architect inherits and continues memories and legends of a place

건축물에는 세월이 흐르면서 너와 나의 추억이 조금씩 깃들게 됩니다. 그리고 시나브로 우리가 기억하는 하나의 장소가 됩니다. 도시는 이러한 장소의 집합입니다. 기억할 만한 장소가 적은 도시는 그곳에서 살아가는 사람들에게 언제나 낯선 곳이기만 합니다. 금속판과 유리로 꾸며진 세련된 빌딩보다 담쟁이 우거진 낡은 벽돌 건축이 친근한 이유이겠죠.

초라하고 더러워 보이더라도 그 안에는 어쩌면 놀라운 이야기가 숨어있을 수 있습니다. 건물 한 채가 철거되는 것은 우리의 소중한 기억이 한 조각 사라지는 것이고 도시라는 오래된 이야기책에서 한 장이 뜯겨 나가는 것입니다. 유럽의 역사도시가 아름다운 이유는 기억의 그릇인 건축을 보존하면서 세대를 거쳐 조금씩 도시라는 이야기책을 채워나가고 있기 때문입니다. 건축가는 도시의 기억과 이야기를 이어나가는 전승자여야 합니다.

발전소를 개조해 만든 테이트 미술관, 헤르조그 앤 드뫼롱
(Herzog & De Meuron) 설계 ⓒ남수현

쓰레기 소각장을 개조해 만든 부천아트벙커 B39, 김광수 설계 ⓒ한지만

건축가는 덜어내고 더하는 행위로 도시의 이야기를 써내려가는 이야기꾼이다

An architect is a storyteller that writes story of a place by subtraction and addition

수십 번 반복되는 할아버지의 옛날이야기가 따분하듯, 오래된 건축은 선대의 소중한 기억이 담긴 장소이더라도 지금 우리의 삶의 장소가 아니게 되면 낡고 불편하고 따분하게 느껴지게 됩니다.

아이러니하게도 기억이 담긴 오랜 건축을 보존하는 가장 좋은 방법 가운데 하나는 고쳐 쓰는 것입니다. 위험한 부분이나 불편한 부분은 적당히 덜어내고 사용하기 편리하게 그리고 참신하게 어떤 부분을 더해야 합니다.

무엇을 덜어내고 무엇을 더할 것인가?

이것은 건축가가 답해야 하는 질문입니다. 건축가는 면담과 자료수집을 통해 건축에 담긴 이야기를 발굴하고, 통찰력으로 도시에서 이 한 조각 기억의 편린이 갖는 의미를 정의해야 합니다. 건축가는 도시라는 이야기책을 신중하게 조금씩 고쳐 씀으로써 당대의 독자들에게 재미를 선사하는 이야기꾼이어야 합니다.

기술점수 30.96
+
예술점수 35.01

건축에도 예술점수, 기술점수가 있을까? 아예 건축점수라는 건 없을까? ⓒ강범준

건축의 가치는 무엇일까

Value of architecture

건축은 예술일까, 공학일까? 의견이 분분합니다. 유럽 르네상스 시절에는 예술이었는데 지금은 아니라고도 합니다. 예술이라면 예술적 가치가 있어야 하고 공학이라면 공학적 가치가 있어야 합니다. 건축은 예술적 가치를 가지고 있을까요 아니면 공학적 가치를 가지고 있을까요?

가만히 생각해 보면 건축이 꼭 예술적 혹은 공학적 가치를 가지고 있을 때 빛이 나는 것만은 아닙니다. 동네 어귀에 있는 작은 정자는 큰 사회적 가치를 갖습니다. 장애인에게 우선권을 주도록 세심하게 만들어진 입구는 그 자체로 사회정의의 표현일 수 있습니다. 건축이 그 자체로 정치적 가치를 주장할 수도 있습니다. 역사적 가치를 품은 건축도 소중합니다. 경제적 가치를 올려주는 현실적인 건축도 역시 중요합니다.

예술적 가치가 빛나는 건축도 있습니다. 하지만 예술적 가치가 모자랄지라도 훌륭한 건축도 있습니다. 건축의 가치란 여러 가지가 될 수 있고 좋은 건축을 판단하는 기준도 여러 가지라는 것이지요.

분명한 것은 하나의 가치만이 건축의 본질적 가치를 보여주는 것은 아니라는 것입니다.

업무 효율을 높여 주는 사무실 배치는 무엇일까 출처: unsplash

건축은 중요한가

Does architecture matter?

건축가들은 건축이 중요하다고 합니다. 하지만 왜 중요하냐고 물으면 답하기 쉽지 않습니다. 좋은 건축을 통해 우리 삶이 개선되었다는 것을 증명할 수 있다면 건축이 중요하다고 말할 수 있겠지요.

찾아보면 증거는 많습니다. 미국에서는 1990년대에 저소득층 가족에게 주거보조금을 지급해 더 나은 주거환경으로 이사하도록 하는 사회실험Moving to Opportunity Experiment을 했습니다. 결과는 어땠을까요? 더 나은 주거로 이사한 가정의 아이가 그렇지 않은 가정의 아이보다 성인이 되어 벌어들인 소득이 더 높았습니다. 물론 건축 자체만의 효과라고 할 수는 없지만 좋은 집이 주는 안정감이 분명 기여했으리라 생각됩니다.

사무실의 평면배치는 어떨까요? 사무실의 배치 디자인에 따라 업무 생산성이 올라가기도 하고 낮아지기도 합니다. 커다란 하나의 공간 안에서 칸칸이 나누어진 사무실은 업무 효율에 도움이 될까요? 이러한 사무실 배치는 업무 소통을 저하시킨다고 합니다. 오피스 부동산 가치가 상승하면서 공간을 더 효율적으로 사용하기 위한 건축 연구가 필요합니다.

주거환경, 사무실 평면만 보아도 건축이 중요하다고 생각되지 않나요?

노르웨이 엔지니어링 저널인 《테크니스크 우케블라드Teknisk Ukeblad》 1893년 5월 25일자에
게재된 새로운 제도판 소개 삽화 출처: Wikimedia Commons

시대, 사회문화가 바뀌면
건축가의 역할도 달라진다
Changing role of architects

우리나라에서 건축가는 어떤 존재일까요.
작가일까요? 업자일까요?

일제 강점기에는 '건축대서사' 제도가 있었습니다. 급격한 도시화가
진행되던 당시 건축 수요는 많았고 일일이 허가 여부를 결정할
만한 전문가나 행정력은 부족했습니다. 일제는 건축물의 인허가
대행과 건축행위 통제를 위해 건축대서사 제도를 만들었습니다.
건축대서사는 후에 건축사로 변신하면서 우리나라 건축설계 직능의
한 뿌리가 됩니다.

법적인 지위뿐만 아니라 건축가가 실제적으로 다루는 일의 범위
또한 넓어지고 있습니다. 가장 기저에는 건축법규에 맞춘 물리적인
건물을 설계하는 역할이 있지만 점점 더 분화되는 건물 유형에 대한
지식, 강화되는 친환경 이슈, 다원화되고 있는 문화에 대한 이해
등 하나의 건축물이 지어지는데 필요한 분야는 점점 더 커지고
있습니다. 물론 건축가가 이런 모든 것을 다 알 수는 없습니다.
하지만 어떤 이슈와 관련되었는지에 대한 인지 및 이해, 그리고
이를 종합해 프로젝트를 이끌 수 있는 능력은 앞으로 점점 더
중요해질 것입니다.

일본 다이칸야마의 츠타야 서점 외관 ⓒ淳平 箸井 - flickr

건축가는 공간기획자 역할도 할 수 있어야 한다

An architect should be equipped to program beyond requirements

서점은 공간형식이 창고와 비슷합니다. 책이 책장에 빼곡히 보관되어 있고 손님이 원하는 책을 찾아 계산해서 나가는 공간형식입니다. 서점이 꼭 이래야만 할까요?

새로운 서점 공간을 제안한 사례가 있습니다. 일본 다이칸야마에 있는 츠타야 서점입니다. 여기서는 쇼핑, 문화, 사교, 여행, 힐링을 주제로 각종 문화상품을 전시하고 판매합니다. 분위기 있게 독서와 음악 감상을 할 수 있는 체험공간이 곳곳에 마련되어 있습니다. 본질적으로 서점의 공간이 창의적으로 기획되어 있습니다.

근처 '핫플레이스'라는 쇼핑몰을 살펴봅시다. 어떤 매장이 무슨 상품과 어떤 공간형식으로 어울려 있나요? 이것이 공간 기획입니다. 업종 선택, 업장 크기, 배치 모두 기획되어 있습니다. 이를 프로그램이라고도 부릅니다. 공간의 상생 관계, 상극 관계 모두 고려해야 합니다. 기발한 아이디어로 새로운 공간 유형을 만들어 낼 수도 있겠지요. 특히 상업시설은 그 형식의 변화가 매우 빠릅니다.

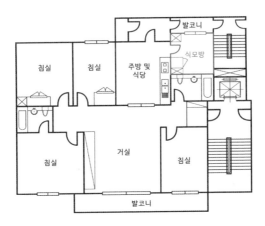

1979년 공급된 압구정동 현대아파트 52평형 평면도 도면: 윤소정 재구성

주방으로 문이 나 있는 작은 방은 언뜻 보아도 거주성이 열악해 보이는데 "식모방"이라고
표시되어 있습니다.

건축에는 각 시대의 문화와
사회상이 녹아있다
Architecture reveals our society

흔히 아파트 평면은 다 똑같고 변하지 않았다고 합니다.
사실은 그렇지 않습니다. 30평형대 아파트를 보면, 1990년대
입구의 위치가 바뀌고(복도식에서 계단식으로) 2000년대 되면 전면
두 칸 아파트에서 세 칸 아파트로 변화하고 화장실이 두 개로
늘어납니다. 전·후면 발코니도 계속 덧붙습니다. 조금씩 조금씩
변화합니다.
그 변화 양상은 매우 한국적이고 매우 시대적입니다.

이를 매우 흥미롭게 보여주는 사례가 '식모방'의 존재입니다.
1979년에 공급된 압구정동 현대아파트 52평형 평면도를 보면
흥미로운 침실이 하나 있습니다. 이 집에서 크기가 가장 작은
이 침실은 문이 거실로 나 있지 않고 주방 구석으로 향해 있습니다.
다용도실에 붙은 발코니 뒤에 있어 거주성도 나빠 보입니다.
이른바 식모방입니다.

지금은 상상하기 어렵지만 당시 도시 중산층 가정에는
입주 '식모'가 있었습니다. 가난했던 1960, 70년대 한국의
시대상입니다. 궁핍했던 그 시기의 시대상이 아이러니하게도
번듯한 주택의 평면에 드러나 있습니다.

영국 하원 회의장(Commons Chamber) **내부** 출처: Wikimedia Commons

"우리가 건축을 만들지만
그 건축이 다시 우리를 만든다"

"We shape our buildings, and afterwards
our buildings shape us"

2차 세계대전 당시 영국 런던 대공습으로 인해 영국 하원 의사당이
파괴됩니다. 의사당 회의실을 재건하면서 의원들에게 각자 넉넉한
자리도 주고 책상도 마련하고 배치를 바꾸자는 의견이 나옵니다.
좀 더 근대적인 디자인으로 바꾸자는 의견도 있었습니다. 하지만
당시 수상이던 윈스턴 처칠은 파괴되기 이전 회의실의 전통적
모습을 그대로 유지하자고 합니다. 전통적 배치의 핵심은 양측에
좁고 빽빽하게 배열된 벤치입니다. 영국 의회는 전통적으로
양당제입니다. 처칠은 좁은 회의장에 벤치가 이렇게 배열되어야
양 진영이 마주 보고 앉아 치열하게 논쟁할 수 있다고 주장합니다.
결국 처칠의 의견은 받아들여집니다. 1943년 하원 재건위원회에서
하원 회의실 재건 방향을 승인하는 회의가 있었습니다. 이 자리에서
처칠은 유명한 연설을 합니다.

"우리가 건축을 만들지만 그 건축이 다시 우리를 만듭니다."

만약 하원 회의실이 다른 모습으로 재건되었더라면 지금 영국
민주주의는 다른 모습이었을까요? 대답하기 쉽지 않습니다.
하지만 분명한 것은 건축의 의사결정이 매우 정치적이고 또한
그래야 한다는 것입니다. 거주자의 관계, 행동, 태도에 영향을
미치기 때문입니다.

ⓒ박인석

건축설계는 조각품 디자인과 다르다
Architectural design is not sculpture design

조각품처럼 일정한 장소에 고정되지 않는 사물 즉 오브제_{objet}는 그 자체의 형태가 표현과 감상의 대상이 됩니다. 반면에 건축물은 특정한 장소에 뿌리박으며 그 장소와 주변 공간의 형상과 성격과 분위기를 결정합니다. 오브제 디자인과 건축설계가 전혀 다른 이유입니다.

건축물을 설계한다는 것은 건축물이 면하는 주변 도시공간의 형태와 공간을 설계하는 것이기도 합니다.

©박인석

커뮤니티는
프라이버시가 있어야 가능하다
Communities require privacy

커뮤니티는 개인의 서로 다른 삶과 생각이 교류하고 소통함으로써
성립합니다. '개인의 서로 다른 삶과 생각'은 개인의 프라이버시가
보장될 때 가능한 것입니다. 예컨대 개인의 프라이버시가 보장되지
않는 교도소나 군대에서는 개인의 자율성도, 진정한 커뮤니티도
기대할 수 없습니다.

동네에서의 커뮤니티도 마찬가지입니다. 길이나 복도 등 밖으로
열린 집이라 해서 무조건 커뮤니티에 유리한 것은 아닙니다. 이웃
간의 교류를 촉진하기 위해서는 각 집의 프라이버시가 우선
보장되어야 합니다. 집 안의 거주자가 밖으로 보이고 싶지 않은
것은 보이지 않도록 하는 공간적 장치가 있어야 합니다. 이러한
장치 없이 열려 있기만 한 집이라면, 예를 들어 마당이나 방 창문이
직접 외부인의 시선에 노출되어 있다면 그 집 거주자는 담장,
커튼, 블라인드 등 모든 수단을 동원해 자신의 공간을 차단하며
프라이버시를 지키려 할 것입니다. 결과는 커뮤니티는커녕 이웃에
닫힌 집, 닫힌 삶이 될 것입니다.

©박인석

집 안 삶의 일부를 드러내는 공간이 필요하다

You need a space showing some of your life in the house

프라이버시를 보장하는 일만 중요시한다면 모든 집이 각자의 삶만을 위한 닫힌 집이 되어버릴 것입니다. 집 안에서의 삶 중에는 밖으로 보이고 싶지 않은 것이 있는가 하면 다른 사람이 보아도 무방한 활동 혹은 다른 사람이 보아주었으면 하는 활동도 있습니다. 발코니에 앉아 차를 마시며 신문을 보거나 마당에서 화초를 가꾸거나 하는 일들이지요.

집집마다 삶의 일부가 이웃에게 드러나도록 하는 것은 커뮤니티의 매우 중요한 계기가 됩니다. 소소한 일상을 매개로 자연스러운 인사와 대화가 이루어지고 이는 다시 교류와 소통으로 이어지게 됩니다. 커뮤니티센터에 모여서 교류하고 활동하는 커뮤니티보다는 개개인의 일상적 생활 속에서 자연스럽게 이루어지는 교류와 소통이 훨씬 튼튼한 커뮤니티를 만들어냅니다.

우리나라 아파트가 획일적이고 삭막하다는 문제의 핵심은 각 집의 삶의 모습을 외부로 드러낼 수 있는 공간이 전혀 없다는 것입니다. 집집마다 다양한 삶의 모습이 보이지 않는 동네, 이웃 간의 일상적 교류와 소통의 계기가 없는 동네를 초래하기 때문입니다.

ⓒ박인석

매력 있는 도시는
우연한 마주침이 풍성하다

Attractive cities are full of coincidental encounters

매일 우리는 집, 학교, 직장 등 목적하는 장소를 오갑니다. 이러한 목적 동선의 중간중간 여러 장소와 마주치게 마련입니다. 상점이건 미술관이건 그 장소와의 마주침은 우리가 의도한 것이 아닙니다. 우연히 마주친 것입니다. 이런 우연한 마주침의 기회가 많은 도시가 매력 있는 도시입니다.

중요한 것은 내가 우연히 마주치는 그 장소를 목적으로 삼아 목적 동선으로 오가는 다른 사람이 있다는 사실입니다. 서로 다른 개인이 각자 다른 장소를 오가는 목적 동선이 중첩하면서 우연한 마주침이 일어납니다. 매력 있는 도시가 커뮤니티도 좋은 것은 이 때문입니다.

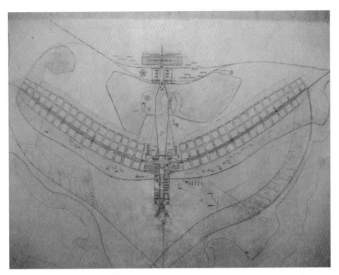

브라질리아 신도시건설 도시설계 초안, 루시오 코스타, 1957
출처: Wikimedia Commons

"집은 작은 도시이고 도시는 큰 집이다"

"The city is like a great house, and the house in its turn a small city"

건축가는 개별 건축물을 디자인함으로써 건축물의 집합인 도시 디자인에 참여하게 됩니다. 그런데 도시 전체를 하나의 대상으로 삼아 설계하는 프로젝트도 있습니다. 이는 '도시설계Urban Design'라고 부르는 영역이며, 공학적, 통계적, 기술적 접근 위주의 '도시계획Urban Planning'과는 구분되면서도 함께 가야 하는 작업이지요. 도시계획이 엔지니어나 관료의 몫이라면 도시설계는 건축가의 몫입니다. 도시설계는 건축가 개인의 창의성 외에도 폭넓은 이론적 지식을 요구하는데, 건축대학에서는 그에 필요한 과목도 가르칩니다.

브라질의 수도 브라질리아의 도시설계는 루시오 코스타Lucio Costa라는 건축가가 했고, 그 도시의 주요 건축물 설계는 그의 제자인 오스카 니마이어Oscar Niemeyer가 맡았어요. 이렇듯 도시설계와 건축설계는 하나의 맥락을 공유한 건축가의 활동 분야인데 이론적 지식이 없다면 맥락이 형성되지 않지요.

"집은 작은 도시이고 도시는 큰 집이다."라는 말은 600년쯤 전의 이탈리아 건축가인 알베르티L.B. Alberti가 했던 명언인데 오늘날에도 여전히 그렇답니다.

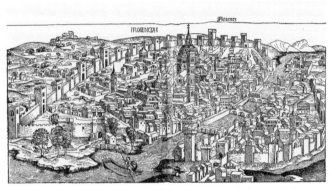

르네상스시대의 피렌체 도시 풍경, 하르트만 세델(Hartmann Schedel) 출처: Wikimedia Commons

도시도 사람처럼
자기만의 DNA를 가지고 있다
City, like a human being, has its own DNA

악곡의 한 형식인 교향곡에서는 오케스트라 혹은 합창단이
동원되어 다양한 모티브와 내용이 담겨 있는 악장을 연주합니다.
각각의 악장은 자연 풍경이나 남녀의 사랑 이야기, 전쟁과 평화와
같은 인간사를 묘사하면서도 궁극적으로는 작곡가의 의도에 따라
큰 흐름을 만들어내지요. 교향곡의 작곡가는 악기별 특성 외에도
문학, 역사 등 다양한 분야에 해박해야 합니다. 그런 지식이 없는
음악가는 멋진 연주자가 될 수 있을지는 몰라도 교향곡을 만들 수는
없지요.

도시설계도 비슷해서 도시를 구성하는 다양한 요소를 이해하고
이상적인 도시의 모습을 상상할 수 있어야만 가능한 작업입니다.
고대부터 현대에 이르기까지 다양한 문화권에 등장하는 도시의
모습과 그 저변에 깔린 이야기를 이해하는 것이 중요합니다.
도시마다 지니고 있는 각기 다른 DNA를 파악하는 것이 도시
디자인의 시작이니까요.

율리우스 시저Julius Caesar가 아르노 강변에 설치한 로마군단의
막사가 훗날 르네상스의 도시 피렌체로 변신한 사실은 모르셨죠?

ⓒ박인석

모든 다양성의 원천은 개인이다

Individuals are the source of all diversity

모든 개인은 세상에서 유일한 존재입니다. 따라서 모두 서로 다른
존재입니다. 생긴 것도 생각하는 것도 좋아하는 것도 다른 '차이의
존재'라고 할 수 있습니다. 당연히 모든 개인의 하루하루 삶의 내용
역시 다릅니다. 도시의 하루하루는 '상점-집-사무소' 등 건축물
내부공간 혹은 도시공간에서 펼쳐지는 개인의 서로 다른 삶으로
채워집니다. 도시의 다양성은 이들 개인의 서로 다른 삶에서
비롯하는 것입니다.

매력 있고 활력 있는 거리의 공통적 특징은 건축물 내부 삶의
내용이 적극적으로 거리에 표출된다는 점입니다. 상점, 카페, 꽃집,
빵집, 갤러리 등 저마다 삶의 모습이 거리 풍경으로 펼쳐지는
거리에서 우리는 다양성과 매력을 느낍니다.

건축물 자체가 개성 있는 형태로 도시의 다양성을 더해 줄 수
있습니다. 그러나 건축물 안에서 이루어지는 삶의 일단을 밖으로
표출되도록 하는 것, 즉 건축물 밖 도시공간에 있는 사람들에게
보이도록 하는 것이야말로 풍성한 다양성을 보장하는 일입니다.
모든 다양성의 원천은 '서로 다른 개인의 삶'이기 때문입니다.

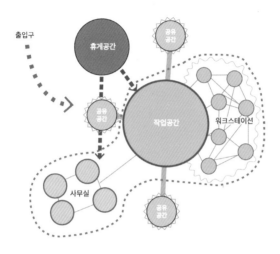

건축물의 형상에 대한 개념 없이 기능 공간의 양과 위치 관계만을 표현한 버블 다이어그램을 구상하고 그리는 일은 설계가 아니라 계획이라고 해야 합니다. ⓒ남다인

계획은 자원의 양적 배분에 관한 의사결정이고 설계는 형상에 관한 의사결정이다

Planning is a decision about the allocation of resources and design is a decision about shape

건축계획과 건축설계는 무엇이 다를까요. 도시계획과 도시설계는?

계획planning은 '자원의 양적 배분에 관한 의사결정'이고 설계design는 '형상에 관한 의사결정'입니다. 인구계획이라고 하지 인구설계라고 하지 않고 자동차설계라고 하지 자동차계획이라고 하지 않는 것에서 그 차이를 확인할 수 있습니다.

건축설계는 건축물의 구체적인 형상을 결정하는 일입니다. 공간의 크기는 물론이고 형상도 정하고 어떤 질감의 어떤 재료를 사용할지도 정하는 일입니다. 이에 비해 건축계획은, 전시공간은 어느 정도 면적으로 어느 층에 두어야 하고 창고는 얼마나 어디에 두어야 하는지 즉 공간(자원)의 배분을 결정하는 일입니다.

도시계획과 도시설계 역시 마찬가지로 구분됩니다. 도시계획은 어디에 어느 정도 폭의 도로를 설치해야 하는지, 상업지역과 주거지역, 공원의 면적을 얼마나 어디에 배치해야 하는지를 결정하는 일입니다. 도시설계는 도시공간의 형태를 결정하는 일입니다. 가로공간을 몇 층 높이의 건축물로 둘러싸인 형태로 조성할지, 광장 주변에 보행 아케이드가 있는 건축물을 면하게 할지, 아니면 수목을 심어야 할지 등.

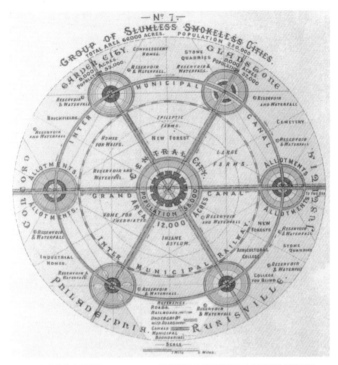

19세기 말 에벤에저 하워드(Ebenezer Howard)의 전원도시 다이어그램. 도시문제를 해결하려 했던 이상도시입니다. 출처: Wikimedia Commons

사회문제를 해결하려고 했던 도시계획
Urban planning as social reform

산업혁명 이후 서유럽에서는 심각한 도시문제를 겪습니다.
환경오염, 열악한 주거환경, 교통 문제와 같이 급격한 도시화로
인한 문제였습니다. 그러자 사회 변혁가들은 새로운 도시를 꿈꾸게
됩니다. 사회도 개혁하고 이를 구현할 유토피아를 건설하자는
주장입니다.

크게 두 가지 주장이 있었습니다. 첫 번째 주장은 기존의 문제 많은
도시를 버리자는 것입니다. 여기를 떠나 저 멀리 전원suburb에 새로운
도시를 건설하자는 것입니다. 두 번째 주장은 떠나지 말고 기존
도시를 싹 쓸어버리고 그 위에 새롭게 도시를 건설하자는 것입니다.

두 상반된 주장은 서로 섞이고 겹쳐오면서 현재의 도시를 만드는
도시계획의 바탕이 되었습니다. 지금의 도시에 그 철학과 실천이
모두 녹아들어 있습니다. 도시가 외곽으로 확장되었고, 또 일부분은
철거 후 집중 고밀 개발되었으니까요.

앞으로 도시화는 더욱 진행된다고 합니다. 미래의 이상도시,
유토피아는 어떤 도시 형태를 가지게 될까요?

스페인 빌바오에 있는 구겐하임 미술관, 프랭크 게리 설계 출처: Wikimedia Commons

빌바오 효과, 우리 도시에서도 유효할까
Bilbao Effect

스페인의 쇠락하던 중공업 소도시 빌바오에서 기적이 일어납니다.
건축가 프랭크 게리Frank O. Gehry가 기상천외한 모양으로 미술관을
설계합니다. 빌바오의 구겐하임 미술관입니다. 춤추듯 들쭉날쭉
신기한 모양의 미술관이 지어지고, 빌바오는 수많은 방문객이 찾는
국제적인 문화 명소 도시가 된 것이지요.

이 미술관은 빌바오시를 부흥시킨 상징이 됩니다.
그리고 이 현상을 일컫는 "빌바오 효과"라는 용어가 만들어집니다.
상징적인 문화시설에 과감히 투자해 도시를 부흥시키는 정책과
그 효과를 일컫는 용어이지요.

도시는 생로병사합니다. 기반이 되는 경제구조를 따라 성장하기도
하고 쇠락하기도 합니다. 이른바 후기 산업사회에 진입하면 기존의
산업도시는 탈산업도시로 변신을 해야 살아남습니다.
빌바오시는 그 변신을 문화와 관광을 통해 이룬 것이지요.

우리나라는 경제가 급성장하면서 경제구조가 급격히 바뀌었습니다.
산업도시는 인구가 줄어들고 있습니다. 한 도시 안에서도
산업경제에 기반을 둔 동네는 쇠락의 길을 걷습니다.
무언가 조치가 필요합니다.

우리도 멋진 미술관을 지어 도시를 살릴 수 있을까요?
빌바오의 성공이 우리에게도 유효할까요?

서울을 보행자 중심 도시로 변모시키기 위한 노력, 청계천 ⓒ강범준

걷기 좋은 도시가 건강한 도시이다
Cities for pedestrians

근대 도시는 자동차 교통을 기본 전제로 합니다. 주민들은 일하기 위해, 장을 보기 위해, 학교에 가기 위해 자동차를 이용해야 합니다. 사실 자동차 이용은 편리합니다. 더 편리해지고 싶어서 길도 넓히고 주차장도 여기저기 설치합니다. 너도나도 자동차를 이용하다 보니 길이 막힙니다. 또 길을 넓히고 주차장도 건설합니다. 그런데 문제가 있습니다. 길을 넓히고 주차장을 만들다보니 보행자의 공간이 점점 좁아집니다. 그러다 보니 어쩔 수 없이 또 자동차를 이용해야 합니다. 악순환인 것이지요.

악순환을 끊어야 합니다. 자동차에 도시를 맞추다 보면 도시가 황량해집니다. 불필요하게 자동차를 위한 공간이 많아지고 그 거리를 메우기 위해 다시 자동차를 이용해야 합니다.

보행자 중심으로 공간을 만들고 대중교통으로 공간을 잇는 도시는 그 악순환을 끊는 도시입니다. 남녀노소 부담 없이 걸어다닐 수 있는 도시가 건강한 도시입니다.

서울을 포함한 우리나라 도시도 걷기 좋은 도시를 만들고자 부단히 노력하고 있습니다.

ⓒ장지수

건축에 흐르는 힘을 몸으로 느껴보자
Feeling structural force

건축물을 디자인하는 과정에서 건축가와 구조기술자는 긴밀한
협력을 합니다. 건축가는 구조의 원리를 이해하고, 구조기술자는
건축의 미와 기능을 포용하고 실현해야 합니다. 훌륭한 건축가는
아름답고 기능적인 건축물을 만드는 것에 더해 건축물에 흐르는
힘의 원리를 이해하고 이를 적극 반영합니다. 이렇게 함으로써
건축물을 더욱 생기 있고 가치 있는 디자인으로 승화시킵니다. 이를
위해 건축가는 건축물의 형태와 구조의 관계 및 이를 뒷받침할
역학적 원리에 대해 깊이 이해하는 것이 필요합니다.

©장지수

건축의 뼈대는 어떻게 되어 있을까

Framework for building

건축물을 안전하게 하는 뼈대는 어떻게 만드는 것이 좋을까요? 어떤 재료가 좋을까요? 나무, 돌, 벽돌, 콘크리트, 철? 무엇이 좋을까요? 내가 사는 지역에서 쉽게 구할 수 있는 재료면 좋을 것 같습니다. 그리고 그 재료의 장점을 잘 활용하면 좋을 것 같습니다.

한옥은 나무로 만들어져 있습니다. 석굴암은 돌로 만들어져 있습니다. 파리의 에펠탑은 철로 만들어져 있습니다. 각각 나무와 돌과 철의 장점을 살려서 건축물의 뼈대를 만들었습니다. 초고층 건물은 어떤 재료로 만들었을까요? 그 재료의 장점은 무엇일까요? 큰 태풍이나 지진에 견딜 정도로 튼튼하게 만들려면 어떤 뼈대가 좋을까요? 각 재료의 장점을 살려서 안전하게 건축물의 뼈대를 만드는 방법을 배워봅시다.

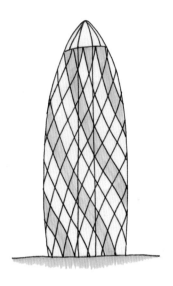

©장지수

창의적이고 독창적으로
건물의 뼈대를 디자인해 보자

Inventive and unique structure

건축물은 건축가의 이상을 실현시킬 수 있을 만큼 창의적이고
독창적이어야 합니다. 이러한 설계는 건축가 본인이 가지고 있는
창의성의 한계에 크게 좌우됩니다. 창의성을 넓히기 위해서는
단순히 아이디어를 키우는 훈련만으로는 부족합니다. 건축물에
존재하는 구조의 역할에 대한 이해와 이를 자유자재로 통제하고
구사할 수 있는 능력을 키워야 합니다. 이를 통해 건축물을
공간으로서뿐만 아니라 하나의 구조시스템으로서 안전하고
기능적이며 아름답게 디자인할 수 있습니다.

Ⓒ장지수

나무로 초고층 건물을 만든다면
Building highrise timber structure

신라는 645년에 황룡사에 9층짜리 목탑을 만들었습니다.
당시로서는 초고층 건물이었을 것입니다. 조선시대에는 5층짜리
목탑인 법주사 팔상전이 지어졌습니다. 2017년 우리나라에는
123층 555m의 초고층 건물인 잠실롯데타워가 세워졌습니다.
잠실롯데타워는 철과 콘크리트로 만들었습니다.

과연 나무로도 초고층 건물을 지을 수 있을까요? 나무로 초고층
건물을 짓지 못할 이유는 없지만, 나무만을 고집할 필요는 없습니다.
나무와 철, 콘크리트를 함께 사용한다면 친환경적이고 감성적인
나무의 장점을 더욱 살릴 수 있는 초고층 건물이 나올 수 있지
않을까요?

캐나다에서는 2017년에 18층짜리 대학 기숙사를 목재와 콘크리트,
철을 이용한 하이브리드 구조로 지었습니다. 건물의 중심인 코어는
아파트와 비슷한 콘크리트 벽체로 만들어 수평하중인 지진과
바람에 견디게 했고, 건물의 무게와 같은 수직하중은 나무로 된
기둥과 철재 접합부, 그리고 목재 바닥판으로 견디게 했습니다.
나무와 콘크리트, 철이 역할분담을 조화롭게 한 건물이라고 볼 수
있습니다. 현재까지 나무로 지어진 최고층 건물은 오스트리아의
24층 건물에 머무르고 있지만 목조건물의 발전 가능성은
무궁합니다. 우리 함께 나무를 조화롭게 사용한 초고층 건물을
지어보지 않겠습니까?

민나노 모리(みんなの森 : 모두의 숲), **기후 미디어 코스모스, 일본 기후시**(岐阜市), **이토 도요**(伊東豊雄)
설계 ⓒ한지만

다시 목조건축

Again, wooden architecture

우리나라는 건축의 주재료로 나무를 사용하는 목조건축문화를 발전시켜왔습니다. 근대 이후 목조건축은 새로운 시대에 뒤처진 진부한 것으로 간주되었고 철과 콘크리트 건축으로 급속하게 대체되었습니다. 그런데 최근 목조건축이 다시 주목을 받고 있습니다.

목조건축이 주목을 받는 이유로, 우선 친환경 재료라는 점을 들 수 있습니다. 우리는 건축물 안에서 거주하고 일을 하며 대부분의 시간을 보냅니다. 여러 건축재료 가운데 목재는 인체에 유해한 환경호르몬을 배출하지 않고 오래도록 특유의 좋은 향을 냅니다. 그리고 신체에 닿을 때 철이나 콘크리트에서는 기대할 수 없는 따뜻하고 부드러운 감촉을 줍니다. 더불어 표면에 드러나는 아름다운 나뭇결과 시간이 지날수록 중후한 맛을 내는 것도 목재를 선호하는 이유이기도 합니다.

인류가 직면한 지구환경 문제와도 밀접한 관련이 있습니다. 건축물에 사용된 목재는 수명을 다한 뒤에도 공해를 유발하지 않고 자연으로 되돌아갑니다. 계획적인 숲 가꾸기를 통한 목재 생산은 무분별한 삼림의 남벌을 막고 숲을 더욱 건강하게 합니다.

이러한 이유로 세계 각지에서 목조건축 붐이 일고 있으며, 목재의 물리적 약점을 극복할 수 있는 가공기술의 발달에 힘입어 다양한 규모와 형태의 목조건축이 지어지고 있습니다. 수천 년 동안 나무로 건축물을 지어왔던 우리에게 목재는 다루는 데 익숙하고 매우 친숙한 건축 재료입니다. 가까운 미래에 우리가 세계의 목조건축 붐을 주도해 갈 날이 올지도 모르겠습니다.

건물 외피는 실내외 공간을 구분하는 경계면으로서 외부의 바람,
소음, 습기, 비와 같은 외부환경을 차단함과 동시에 실내에 빛,
공기, 열을 공급함으로써 거주자의 쾌적한 실내환경을 조성하는 데
기여합니다. 출처: unsplash

팔방미인: 건물 외피의 변신
Transforming building facades

인체의 물리적 구성 요소를 뼈대와 근육, 신경과 혈액, 피부로
구분할 때, 우리가 거주하는 건물은 뼈대와 근육의 역할을 하는
구조, 신경과 혈액의 역할을 하는 시스템, 그리고 피부의 역할을
하는 '건물 외피Building Envelope/Building Facade'에 비유할 수 있습니다.
인체가 외부환경의 변화에도 체온을 36.5° 정도로 조절하며
최적의 상태를 유지하려 하듯이, 건물 외피 또한 외부환경의 조건과
관계없이 실내의 열 환경, 빛 환경, 음 환경, 공기 환경 등 거주자의
실내환경을 최적화하는 기능을 수행할 수 있어야 합니다. 최적화된
건물 외피의 성능은 건물의 재료, 형태, 기능과 목적에 따라 쾌적한
실내온도를 유지하거나 자연채광을 극대화할 수 있습니다. 확 트인
전망을 제공할 뿐만 아니라 외부 소음을 차단할 수도 있습니다.
실내공기를 개선하기도 하며, 필요에 따라 신재생에너지를 생산해
내는 다양한 기능을 수행하기도 합니다. 덕분에 쾌적함을 누리며
삶의 질을 증진해 나갈 수 있습니다.

열, 빛, 소리, 바람과 같은 기후환경 요소를 고려해 건물의 외피
디자인을 해야 건물의 외피는 최적의 성능을 발휘하게 됩니다.
이처럼 '기후 요소를 반영한 건물 외피Climate Responsive Facade'는
환경친화적 건물의 좋은 예가 될 수 있습니다.

사물인터넷, 환경 센서, 인공지능, 그리고 인터페이스 기술을 활용한 냉·난방, 조명, 공기질 및
가전제품 등의 제어가 가능한 스마트홈 기술이 진화하고 있습니다. 출처: pixabay

인간과 건물이 소통한다?

Human interactive space

인간과 기계, 그리고 인간과 공간은 과연 어느 수준까지
서로 융합되어 발전 가능할까요? 메사추세츠공과대학MIT의
Auto-ID 센터 창립회원인 캐빈 애쉬튼Kevin Ashton은 무선으로
통신할 수 있는 저전력칩을 통해 객체를 인터넷에 연결하는 방식의
사물인터넷 개념을 도입했습니다. 이 기술은 원격, 무선결제,
웨어러블, 자율주행에 이르기까지 다양한 분야에 응용되어 오고
있습니다. 이러한 무선네트워크를 통해 향후 2030년까지 약
500억 대의 다양한 사물이 서로 연결되어 상호 소통하게 됩니다.
사물인터넷과 환경 센서 기술을 건축설비와 연동시키고 스마트폰과
같은 인터페이스를 활용하면 냉·난방, 환기, 조명, 화재 등을 보다
통합적으로 제어할 수 있습니다. 건물 구석구석에 설치된 환경
센서들은 실내·외의 온도, 습도, 기류, 공기질, 조도, 소음 등의
방대한 자료를 수집합니다. 다양한 인공 지능 기술을 활용한 데이터
처리기술을 이용해 거주자의 개별 거주환경에 최적화된 실내환경을
미세하게 조절해 나갈 수 있습니다. 예를 들어 음성 합성기술을
활용한 인공지능은 실내 냉·난방 온도, 미세먼지 상태, 조명,
건물 에너지, 가스 밸브 차단 등에 대해 기계언어가 아닌 인간의
음성으로 입력, 분석, 처리한 뒤, 다시 인간의 음성으로 안내하거나
무선네트워크망을 통해 냉·난방기, 창호, 차양재, 가전제품 등을
사용자의 요구 조건에 맞추어 제어할 수도 있습니다. 앞으로는
거주자의 음성 합성기술뿐만 아니라 이미지 및 영상인식, 안면 및
동작 감지 인공지능 기술 역시 건축분야에 활발히 적용될 것입니다.

원 센트럴 파크(One Central Park, Sydney). 건축가 장 누벨(Jean Nouvel)과 식물학자 패트릭 블랑(Patrick Blanc) 공동 작업 ©Flickr-Rob Deutscher

벽에 수직공중정원을 설치하고, 캔틸레버로 아래 광장에 태양광을 반사하는 일광반사장치(Heliostat)를 설치한 건축물. 유지보수는 잘 될지, 유지비용은 얼마나 드는지 궁금합니다.

친환경의 탈을 쓴 그린워싱을 구별하자
Beware of greenwashing

전 세계 온실가스 배출량의 40%가 건물 건설과 운영에서
발생한다고 합니다. 물론 우리가 건축물 안에서 생활하는 시간을
생각해보면 합당한 수치일 수도 있지만, 환경보호를 위해 인류의
전체 에너지 사용 및 폐기물을 줄여야 하는 것은 분명합니다.

비닐봉지보다 에코백이라 불리는 면 토트백을 사용하면
친환경적이라 말하지만, 하나의 에코백을 327번 이상 써야
생산에너지를 비교할 때 비닐봉지보다 친환경적이라고 합니다.
집에 에코백이 10개 있으면 더 구매하지 않고 10년은 써야 한다는
계산이 나옵니다. 시골의 한적한 곳에서 사는 것이 도시보다 더
친환경적으로 보이지만, 각 주거유닛이 아래, 위, 옆으로 서로
맞닿아 단열을 도와주는 집합주거가 40% 정도 냉난방 에너지를 덜
쓴다고 합니다(집은 작을수록 당연히 친환경적 이기도 하지요). 친환경 건축물은
바람직하지만 시공할 때 증가하는 건설비와 추가 에너지를 생각하면
적어도 50년 이상 사용되어야 하며, 그 전에 허물게 되면 결과적으로
친환경으로 볼 수 없습니다. 친환경을 뜻하는 '그린green'과 세탁을
뜻하는 '화이트 워싱white washing'을 합친 '그린 워싱'이란 단어는 실제
친환경과는 거리가 있지만 마치 친환경인 것처럼 홍보하는 마케팅
수법을 얘기합니다. 느낌만으로 친환경이라 판단하는 것을 조심해야
합니다.

가장 친환경적인 생활은 결국 아껴 쓰고, 같이 쓰고, 오래 쓰는
것입니다.

다양한 건축물의 외장재료 ⓒ정영수

고급 건축자재가 더 경제적이다?

Consider value management

벽돌로 만든 집과 철골로 만든 집 중 어느 집이 더 경제적일까요?
합성재 바닥재와 대리석 바닥재의 경제성은 어떨까요? 이를
판단하는 것도 건축의 과정입니다.

건축재료도 각자의 역할이 있고 수명이 있습니다. 수명이 짧은
자재는 수십 년 동안 여러 번 교체해야 하며, 품질이 적합하지 않은
자재는 공간의 원래 목적을 충족시키지 못합니다. 집을 짓는 데
필요한 비용보다 수십 년 동안 그 집을 유지하는 데 드는 비용이
훨씬 많으며 이 집을 쓰면서 창출된 경제적 가치는 더더욱 큽니다.
이 모든 것을 생각해 보면, 고급 건축자재를 많이 쓰는 것이 더
경제적인 경우가 훨씬 더 많습니다. 이러한 생각을 건축에서는
'생애주기 비용분석Life-cycle Costing (LCC)' 그리고 '가치 분석Value
Management'이라고 합니다.

스페인 발렌시아의 조립식 주택 출처: Wikimedia Commons

건물 인터넷 주문시대
Order buildings online

오랫동안 건축은 현장에서 이루어져 왔으며 건축재료와 공법
또한 현장 공사를 수월하게 할 수 있는 방향으로 발전돼 왔습니다.
근래에는 건축물 현장 공사에 드론과 로봇도 활용되고 있습니다.
그러나 점점 다양해지는 건축물 수요와 함께 국경을 넘는 건축
활동을 발전시키기 위해서, 이제 많은 건축물 부재Building Elements가
공장에서 미리 만들어져 인터넷으로 판매되고 있습니다.
설계자는 미리 만들어진 부재를 선택하고 조합해 각자의 건축물을
계획하게 됩니다. 여러 건축물 부재의 현장 설치는 기계와 로봇이
도와줍니다. 이러한 개념을 '오프사이트 컨스트럭션OSC: Off-Site
Construction'이라고 합니다. 머지않아 사람이 없는 건축 현장이
많아질 것이며, 건축 부재와 로봇을 인터넷에서 판매하는 회사가
가장 큰 건설회사가 될지도 모릅니다.

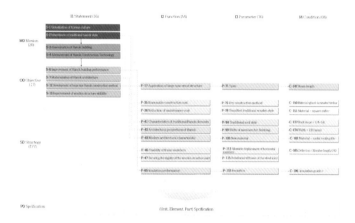

신한옥 주택 설계를 위한 사용자 요구 항목 수집

	Level 1	Level 2	Level 3	표현특성	정보유형	상세수준	자료	추적성
Re qu ire m en t	Mission	Mission statement	Value	Natural language	Qualitative	Abstract	Brief	Low
			Goal					
		Business objective	Portfolio Objectives					
			Program Objectives					
			Project Objectives					
			Owner Requirements					
	Objective	Stakeholders objective	Designer Requirements					
			Equipment supplier Requirements					
			Contractor Requirements					
			End user Requirements					
			Operator Requirements					
		Public objective	Regulatory Requirements					
			Cultural Requirements					
			Social Requirements					
			Environmental Requirements					
			Economical Requirements					
			Site Requirements					
			Aesthetic Requirements					
	Strategy	Functional requirement	Structural Requirements					
			Quality Assurance Requirements					
			Safety Requirements					
			Codes and Standards Requirements					
			Systems Requirements					
			Facility management Requirements					
		Operational requirement	Maintenance Requirements					
			Performance Requirements					
			Communications System					
	Specificatio n	Technical requirements	Technical Specification	Structured language	Quantitative	Detail	Drawing /Specification	High

요구 항목별 성격 분류 ©정예흔, 이윤섭, 정영수

수집한 사용자 요구 항목을 목표, 전략, 구체성능 등으로 구성한 성격(세로축)과 표현특성, 정보유형, 상세 수준 등(가로축)으로 분류한 기준표를 작성하고 수집된 요구 항목을 계속 추가하면 사용자 요구가 체계적으로 정리된 아키텍추럴 프로그래밍이 생성됩니다.

사용자 요구를 체계적으로 정리한 아키텍추럴 프로그래밍

Design from user's view!

사용자가 원하는 기능과 형태를 디자인에 반영하는 것은 건축가의 중요한 역할 가운데 하나입니다. 그러나 건축물 사용자는 전문가가 아니어서, 무엇을 원하는지 제대로 표현하기 어려운 경우가 많습니다. 따라서 이를 보다 체계적으로 질문하고 정리하는 것도 건축가의 기술이며, 꾸준한 노력을 통해 전문가다운 능력을 개발할 수 있습니다. 이러한 사용자 요건Owner Requirements을 공식적인 서류로 정리한 것을 미국에서는 '아키텍추럴 프로그래밍Architectural Programming'이라고 표현하며 영국에서는 '브리프Brief'라고 합니다. 최근의 기술 발전에 힘입어, 사용자 요건은 이제 문서가 아닌 데이터베이스 형태로 건축설계 과정에서 활용됩니다. 더 나아가 사용자가 원하는 내용을 이야기하면 인공지능이 구체적인 아키텍추럴 프로그래밍 혹은 브리프를 생성해 주기도 합니다.

제 *****호

건축사 자격증

성 명 : ○○○

생 년 월 일 : 19**년 **월 **일

자격 취득일 : 20**년 **월 **일

건축사법 제*조에 따라 위와 같이 건축사 자격을
부과합니다.

20**년 **월 **일

국토교통부장관

사업자 등록증
(일반과세자)

등록번호 : ****-**-***

상 호 : ○○ 건축

성 명 : ***   생 년 월 일 : **년 **월 **일

개업년월일 : 20**년 **월 **일

사업의 종류 : [업태] 서비스   [품목] 건축설계

[업태] 서비스

발 급 사 유 : 정정

공동사업자 :

사업자 단위 과세 적용사업자 여부

전자세금계산서 발행 전자우편주소 : hdsjh@mabet.com

20**년 **월 **일

국세청   **김 포 세 무 서 장**

ⓒ목수민

건축설계가 서비스업이라고?

Architectural design as 'service'

네! '서비스업' 맞습니다. 건축설계 업무는 제조업이 아니라
용역업이고 용역은 영어로 '서비스service'이니까 건축설계는
서비스업이 맞습니다.

경제학에서는 생산과 소비 과정에서 일어나는 제반 활동을
재화와 용역으로 구분하는데, 다양한 비물질적 생산 활동을
용역用役, service이라 하고 우리말로는 '품'이 그에 해당할 것
같습니다. 건축사처럼 전문적인 용역(서비스)을 제공하는 직종에
변호사, 회계사, 교수, 의사 등이 있는 것을 보면 그 의미를
이해하기 쉽겠네요. 서비스업의 전통적인 특징은 사람들의 욕구를
직접적으로 충족시키고 생산과 소비가 같은 장소에서 이루어지며
생산수단에 의존하는 비중이 적은 것이랍니다. 사회가 발달할수록
그 비중이 증가한다니 앞으로 건축 업계의 환경도 더욱 좋아지리라
예상합니다.

예비 건축사 여러분, 나중에 사업자등록증 서류에 인쇄된 '[업태]
서비스' 보고 놀라기 없기!

ⓒ목수민

건축가, 건축사

Architect vs. Architect

영어 '아키텍트architect'는 건축가 혹은 건축사로 혼용 번역되고
있습니다. 건축가建築家가 미술가, 음악가처럼 넓은 의미의 전문가로
느껴진다면, 건축사建築士는 의사, 변호사처럼 자격 면허를 갖춘
전문가로 인식됩니다. 공식 명칭은 건축사인데 사회에서는 건축가가
더 일반화되어 있는 것 같고 심지어 무엇이 무엇보다 더 우월한
존재처럼 오해되기도 합니다. 동일한 인물이라도 신문 문화란에서는
건축가로 소개되는데, 건설사고 뉴스에 등장할 때에는 건축사로
나오기 때문일 수도 있겠지요. 여러 사연이 많겠지만 우리의
건축사와 건축가가 하나의 명칭으로 불리며 힘을 합쳐 나아갈 날이
곧 오기를 기대합니다.

'architect = archi으뜸 + tect기술, 예술'

빌라 라로쉬-잔느레, 르코르뷔지에 설계 ⓒ옥수민

건축주, 건축가
Architect by client

건축 현장의 건축허가표지판을 보면 설계자, 감리자, 시공자 등과
함께 건축주가 표기됩니다. 건축주란 설계자에게 일을 맡기는
의뢰인client인데 직접 거주하며 건물에 애착을 갖는 경우도 있지만,
집주인owner으로 시작했다가 준공과 동시에 소유권을 넘기거나
소유하더라도 임대수익에 신경 쓰는 경우가 더 많아 보입니다.
그러다 보니 설계자가 기대하는 후원자patron로서의 건축주를
만나기는 쉽지 않은 일이지요.

스위스 출신의 건축가 르코르뷔지에가 프랑스에서 현대건축의 거장
반열에 오르는 데는 동향의 프랑스 은행가이자 미술품 수집가인
라로쉬Raoul Albert La Roche의 후원도 큰 역할을 했을 것입니다.
르코르뷔지에는 20대 말에 만난 동년배 라로쉬의 소장품을 위한
주택을 친형 알베르 잔느레 주택과 붙여 설계했는데Villa la Roche-
Jeanneret, 후에 독신으로 세상을 떠난 라로쉬는 막대한 컬렉션
일부와 빌라를 르코르뷔지에 재단에 기증했다고 합니다.

건축가 없는 건축주는 있어도, 건축주 없는 건축가는 없습니다.

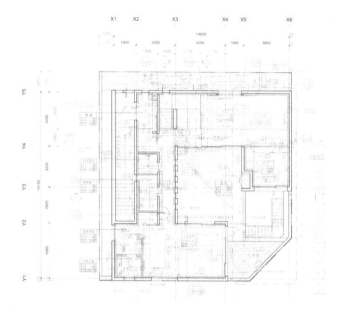

3층 규모 주택 '운하담'의 1층 평면도, 1층 구조도, 1층 바닥난방배관도를 겹쳐서 표현해 본 도면
ⓒ최선미+남수현

각 도면은 분야 전문가가 제작하지만 건축가는 머릿속으로 수많은 도면을 배열하고
중첩하며 분석해야 합니다.

주택 한 채를 짓는데 몇 장의 도면이 필요할까

How many documents are required for a residence?

건축가는 음악의 작곡가이자 지휘자에 비유할 수 있습니다. 작곡가는 멜로디, 리듬, 화음, 음악이론 등의 기초적인 지식을 바탕으로 작곡을 합니다. 지휘자는 연주자의 편성은 물론 곡을 해석하고 연주자들을 연습시키고 지휘합니다.

주택 한 채를 짓는다고 생각해 봅시다.

건축가가 평면도, 입면도, 단면도 등과 같은 건축의 근간이 되는 기본 도면을 제작합니다. 그에 맞춰 구조기술사는 구조도를, 전기설비기술사는 전등설비·전기배선·전열설비·통신설비·소방설비 도면을, 기계설비기술사는 난방배관·급수급탕배관·오배수배관· 환기배관·가스배관 도면 등을 제작합니다. 가시설계획도, 계측계획도와 같은 토목시공기술사의 작업도 필요합니다. 물론 지금 말한 도면은 실제 현장에서 필요한 도면의 일부일 뿐입니다.

건축가는 이 모든 도면이 무엇을 의미하는지 알아야 하며, 그 합이 어떤 결과로 나타날지, 어떻게 작동할지 파악하고, 오류가 예상된다면 수정을 요구할 수 있어야 합니다. 앞으로 3차원 설계 도구가 일반화되더라도 도면의 양은 줄겠지만, 정보의 양은 줄지 않을 것입니다. 완성된 도면은 건축가 및 각 분야 협력자들의 전문성이 담긴 결과물일 뿐입니다.

그렇다면 3층 규모의 작은 집을 짓는데 대략 몇 장의 도면이 필요한지 가늠하실 수 있나요? 약 150장 정도입니다.

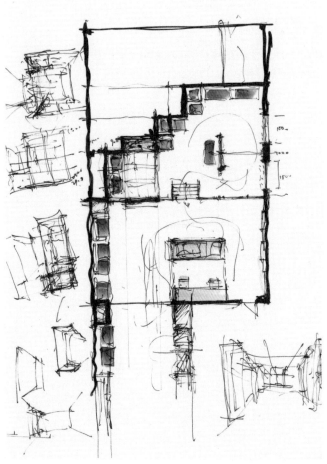

ⓒ채민규

그림을 잘 그린다고 훌륭한 공간디자이너가 되지는 않는다

Drawing skills are separate from becoming a good space designer

공간디자인은 미술이 아닙니다. 좋은 공간은 조형성과 기능성이 균형을 이룰 때 완성될 수 있습니다. 공간디자이너는 공간의 아름다운 형태나 색채, 재료, 빛 등을 디자인하는 조형적 측면과 공간의 효율성·안전성·경제성 등을 디자인하는 기능적 측면을 동시에 고려할 수 있어야 합니다. 공간디자이너는 전문적인 교육을 통해 누구나 꿈을 이룰 수 있는 하나의 직업입니다.

ⓒ채민규

도시를 만드는 공간디자이너 3인방: 인간, 자연, 시간

Three elements of urban space design: people, nature and time

도시는 인간이 살아가기 위해 만든 터전입니다. 도시를 만드는 것도, 그 속에서 생활하는 것도, 또 그 도시를 아름답게 가꾸는 것도 인간입니다. 그러나 인간이 만드는 도시나 건축물은 무생물일 뿐입니다. 도시를 아름답고 생동감 있게 만드는 데는 살아 있는 자연의 역할이 무엇보다 중요합니다. 자연은 도시나 그 속에서 생활하는 사람들 모두에게 활기찬 생명감을 불어넣어 주는 소중한 공간디자이너입니다. 도시는 오랜 시간에 걸쳐 인간과 자연이 함께 만들어 갑니다. 사계절이 있는 우리나라는 풍부한 자연의 변화가 항상 반복되어 찾아옵니다. 매일매일 어김없이 밤과 낮이 교대로 찾아와 도시의 이미지를 탈바꿈시킵니다. 이 모든 것이 시간이라는 공간디자이너가 만들어 주는 아름다움이자 풍요로움입니다.

ⓒ채민규

공간디자인은 인테리어 디자인이 아니다
Space design is not interior design

공간디자인은 실내공간과 실외공간은 물론이고,
인테리어·건축·도시에 이르기까지 다양한 스케일의 공간을
설계할 수 있는 디자인 분야입니다.
실내공간을 대상으로 하는 공간디자인에는 인테리어디자인, 전시,
디스플레이VMD, 무대디자인, 가구디자인, 조명디자인 등이 있고,
실외공간을 대상으로 하는 공간디자인에는 경관, 공공디자인,
도시이미지, 범죄예방환경디자인 등이 있습니다.

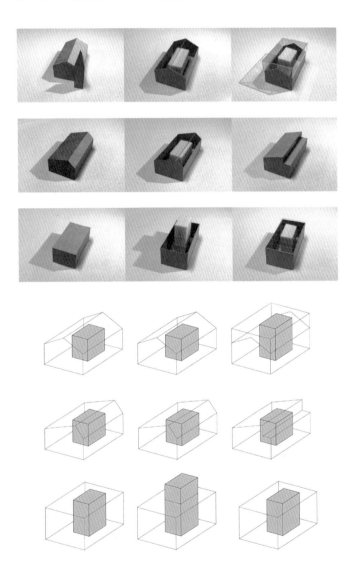

기존 교회건축물에 도서관 프로그램 삽입을 위한 매스스터디, 재사용 프로젝트, 2학년 과정
©이유정

순응적 재사용
Adaptive reuse

기존 건축물의 '순응적 재사용'이라 함은 보전Preservation이나 리모델링Remodeling 의 의미와는 설계과정에서 미묘한 차이를 갖습니다.

'Adapt'는 라틴어 'aptus(붙이다)'에서 유래된 어근과 접두어 'ad(to ..에)'가 합쳐진 의미로 '...에 맞춰진, 적응하는, 순응하는'이라는 의미를 지닙니다. 순응적 재사용의 의미를 담은 건축물은 기존 건축물의 수행, 기능, 수용 능력을 변화시킵니다. 이 과정에서 건물의 태생적 양식과 구조, 건물의 주변과 시간이 관계된 고유한 부분들의 의미를 감소시키지 않고 건물의 형태, 배열, 구조를 새로운 요구에 맞추어 추가하고 변형하는 것Addition and Alteration을 의미합니다.

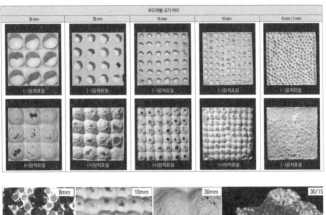

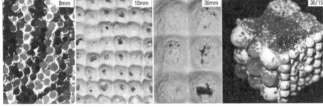

공간디자인 물성 탐구, 2학년 과정 ⓒ한지민·이예지

물성을 탐구하라

Explore materiality

건축재료는 물질의 장점을 살리고 단점을 보완하며 발전되어
왔습니다. 세공품이나 스테인드글라스로만 사용되던 유리는
건축물에 더욱 적극적으로 사용되도록 더 투명하고, 더 강하고, 더
크게 생산되고 개발되었습니다. 콘크리트는 포틀랜드 시멘트를
통해 더 강하게, 금속은 내후와 내알칼리, 그리고 내마모성을 위해
다양한 합금으로 재탄생되며 현대건축물에 적극적으로 사용되고
있습니다.

재료에 대한 탐구는 이러한 물질의 역학적, 화학적 발전 외에도
물질의 의장적 관점에서의 발전 또한 요구합니다. 건축재료의
사용을 기성 재료의 배열로만 생각하지 않고 건축공간 개념에 맞는
물질로 탐구하고 발견해 나가는 것은 건축 발전을 한걸음 견인해
나가는 것입니다.

현대카드 트래블 라이브러리 ©양승익

공간 스토리텔링
Spatial storytelling

우리는 세상의 모든 것을 이야기를 통해서 비로소 이해한다고 합니다.
모든 정보는 이야기의 형태로 가공되어야만 소통이 가능합니다.
이야기는 구전이나 민담부터 문학, 서사, 뉴스, 영화, 드라마 등
그 형태가 무궁무진하고 이야기(스토리)와 담화하는 방식(텔링)을
합쳐 스토리텔링이라 부릅니다. 공간디자인은 훌륭한 스토리텔링
매개체입니다. 인간이 공간을 경험할 때 주어진 환경과 문화적 맥락
안에서 총체적으로 이해할 수 있도록 해주기 때문입니다. 공간을
바라보는 순간, 들어서는 순간, 말로 설명해 주지 않아도 우리는
오감으로 공간을 느끼고 시간과 감각으로 체험되는 스토리를
전달받습니다.

공간이 이야기로 인상을 남기면 쉽게 잊을 수 없는 기억이 됩니다.
체험을 통해서 정보를 인지하고 알게 되며 선별하게 되고 때로는
좋아하게 되어 행동을 끌어내게 됩니다. 공공공간, 전시공간, 주거공간,
상업공간, 추모공간 등은 훌륭한 스토리텔링 매개체입니다.

현대카드사의 소비자 혜택 공간인 서울의 뮤직라이브러리, 쿠킹
라이브러리, 트래블 라이브러리는 카드를 발급하지도 않고 물건을
판매하지도 않지만, 브랜드가 추구하는 문화라는 스토리를
공간디자인으로 소비자에게 전달합니다. 임진각의 평화누리 공원에
있는 거인 모양의 조형물, 바람의 언덕의 3,000개의 바람개비,
통일기원 돌무지 등이 조형적으로 화해, 상생, 희망, 통일의 스토리를
담고 있어 방문자에게 사색할 수 있는 계기를 제공합니다.

다시 말하면 공간은 세심하게 디자인된 이야기를 전달하고 있는
것입니다.

다이칸야마 '티 사이트(T-site)' 출처: wpcpey

서점과 유아용품 매장, 자전거 가게, 작은 갤러리, 전시회장과 레스토랑이 함께 있는
티 사이트는 기분 좋은 산책길과 길가의 주차장이 어우러져 고즈넉한 빌리지를 이룹니다.
캐주얼하게 방문해 책을 읽거나 시간을 보내며 머물 수 있는 라이프스타일의 일부가 된
공간입니다.

공간디자이너는
라이프스타일을 제안한다
Spatial designer creates lifestyle

공간디자인은 단지 공간을 보기 좋게 스타일링하고 장식하는 일이 아닙니다. 유행만을 고려해 공간을 디자인한다면 그 공간은 불편하고, 이전과 다를 바 없을 것이며 결국 사용자에게 머지않아 외면당하고 말 것입니다.

공간디자이너는 기능적인 문제를 다룹니다. 공간의 사용자는 나의 하루는 어떻게 이루어져 있으며 내가 만나는 사람과 이루어지는 행위에 대한 정보를 가지고 있고 불편한 사항과 바라는 점 또한 느끼고 있습니다. 공간디자이너는 시간과 면적, 행위와 염원, 상황과 현실의 이해를 통해 문제점과 개선점에 대한 해답을 제안합니다.

그리고 내일의 새로운 모습Scene을 그려냅니다. 공간의 새로운 레이아웃과 디자인은 사용자가 직접 제안하지 못했던 새로운 삶의 방식으로 유도합니다. 더 안전하도록, 더 편리하도록, 더 환경적이고, 더 우아하도록 말입니다.

공간디자이너는 이렇게 공간을 기획하고 설계합니다. 이동 동선을 계획하고 상품의 디스플레이 방식을 고민하며 사용자의 생활과의 조화를 고려합니다. 그리하여 사용자의 삶의 질을 향상시킬 수 있는 삶의 방식을 제안하기 위해 노력합니다.

	건축설계교과 Design Studios			전공이론교과 Lecture Courses	
	개념 탐구, 심미적 접근, 실험적 사고 중심의 설계교육 Conceptual, abstract, theoretical & exploratory aspect		구체적, 실정적, 전문적 지식/기 능력 함양 중심의 설계교육 Concrete, absolute, professional & pragmatic aspect	건축 이론 및 기술 교육 Architectural theory & technical aspect	
수준 1	**건축설계와조형1** 형태의 관찰과 표현수단 습득			공간디자인이해	건축학개론
				한국건축사	
	건축설계와조형2 3차원 구성과 디자인 요소, 휴면 스케일 이해				
수준 2	**건축설계1** 공간의 생성과 성격, 택토닉(tectonic) 소개		대지조성계획	서양건축사	건축구조의이해
			건축 CAD	동서양기술과미학	
	건축설계2 재료와 구법을 고려한 건축 공간구성, 대지의 이해, 인간행태의 이해			건축과문화	
수준 3	**건축설계3** 건축분석, 컨텍스트 이해, 복합건물, 구조의 응용			건축재료및구법	도시주거환경계획
				행태/문화 영역선택	건축구조시스템
	건축설계4 프로그래밍, 건축 상세, 기술적 요소의 접목			환경시스템1	환경시스템2
					근현대건축사
수준 4	**건축설계5** 복합적 설계 요소 적용, 통합설계 능력			건축시공	건축법규
	건축설계6 도시 구조 속의 복합적 건축설계			도시/주거 영역선택	건축설계실무와산업
수준 5	**건축설계7+8** 종합적인 도시 및 건축설계 능력, 졸업작품설계			역사/이론 영역선택	

건축학교육 교과 과정 구조의 예시

건축대학의 교과 과정은 어떻게 구성되나
Curriculum structure of College of Architecture

우리나라에서 건축사 취득을 위한 대학교의 건축 전공교육은 기본적으로 5년제로 구성됩니다. 표는 명지대학교 건축대학'에서 건축가가 되기 위한 교육을 받는 건축학전공이 어떤 구조로 교육을 받는지 보여줍니다.

건축가가 되기 위한 과정은 크게 건축설계 교과와 전공이론 교과로 나누어집니다. 건축설계 교과에서는 건축가의 존재 이유인 설계 능력을 키우기 위해 작은 단위의 스튜디오 체제로 5년 동안 공부합니다. 전공이론 교과에서는 건축가에게 요구되는 이론 및 기술에 대한 지식을 배우고 익힙니다. 명지대학교 건축대학은 건축학전공, 전통건축전공, 공간디자인전공으로 구성됩니다.

---

1 명지대학교 건축대학은 공과대학으로부터 분리해 2002년 설립한 건축대학의 5년제 건축학사(Bachelor of Architecture) 전문학위 교과과정으로 한국건축학교육인증원(kaab.or.kr)으로부터 국내 최초로 인증을 받은 교육기관입니다.

건축학전공
Major of Architecture

건축학전공은 '건축'을 구성하는 광범위한 영역의 발판이 되는 핵심적인 교육내용으로 구성되는데, 건축적 지식과 건축 능력의 기초가 필요한 '건축'을 구성하는 범위는 참으로 크고 넓습니다.

건축학전공은 건축을 인지하고 건축물의 계획과 설계를 하는 분야에서 건축을 구성하는 실·내외 공간 디자인, 건축물의 구조나 환경설비를 다루는 분야, 건축물을 대지에 짓는 시공을 다루는 분야 등으로 확장되며, 건축의 역사와 이론을 다루는 분야뿐만 아니라 도시의 이해와 계획을 다루는 분야로 이어집니다.

건축학전공은 건축과 관련된 광범위한 전문분야에서 필요로 하는 기초소양을 갖추기 위한 과정이면서 동시에 건축가가 되기 위한 필수 교육 과정입니다. 특히 이 책에서 다루고 있는 5년제 건축학전공 교육 과정은 UNESCO-UIA(세계건축사연맹)이 제정한 '건축교육헌장 Charter for Architectural Education'의 내용을 기반으로 한국건축학교육인증원 KAAB.or.kr으로부터 인증된 학위과정입니다.

(건축학전공 및 전통건축전공에 해당)

건축학전공 공부를 마치면 사회와 환경이 직면한 건축과 도시의 문제는 물론 복잡한 여러 문제에서 창의적인 해법을 제시할 수 있게 됩니다. 그리고 자아를 실현하는 인재가 될 것입니다.

전통건축전공
Major of Traditional Architecture

전통건축전공에서는 한국의 고유한 건축과 역사문화에 바탕을 둔 건축가 양성을 위한 교육을 합니다. 건축가 양성이라는 건축학전공의 기본 목표와 이론 교육과정의 기본 틀을 공유하면서 전통건축전공의 교육 목표를 충족시키기 위한 교육이 더해집니다.

입문 과정을 지나 기본 교육이 이루어지는 2학년 단계에서는 한옥을 세밀하게 관찰하고 형태와 크기를 측정해 도면을 그리는 과정을 통해 전통건축의 구법과 조형원리의 기본을 이해하는 교육이 더해집니다.

3학년 성장 과정에서는 도심의 맥락을 고려한 복합 용도의 건축물을 한옥으로 설계하는 교육이 이루어집니다. 이에 더해 이론 분야에서 한국건축의 특징을 보다 넓은 시야에서 이해하기 위한 아시아의 건축 역사와 동서고금의 다양한 목구조에 관한 교육이 진행됩니다.

심화 교육이 이루어지는 4학년 과정의 통합설계교육은 한국의 전통적인 중목구조 개념과 현대의 건축구조를 결합한 하이브리드 구조의 건축물 설계를 진행하는 것이 특징입니다. 이론으로는 현대 도시에서 건축 문화유산이 주변과 조화를 이루며 공존하는 방법에 관한 교육이 이루어집니다.

종합 단계인 5학년 과정에서는 자유주제로 진행되는 졸업설계를 통해 그간의 학습 성과를 종합하고 건축의 형태와 공간, 재료와 구법 등에서 전통건축의 장점과 특징을 현대적으로 재해석해 창의적인 설계로 구현할 수 있도록 교육합니다. 이밖에 한국건축과 동양건축의 역사, 목조건축의 다양한 구법, 그리고 건축문화유산의 조사와 보존에 관한 심화 학습을 할 수 있는 이론 교과를 선택해 수강할 수 있습니다.

공간디자인전공
Major of Space Design

공간디자인전공은 다변화되어 가는 공간 관련 분야의 영역 확장에
효율적으로 대응하기 위해 국내 유일의 5년제 공간디자인 교육
프로그램을 운영하며 인접 학문분야와의 교육 연계성을 능동적으로
확대한 커리큘럼으로 운영됩니다. 실내건축디자인과 도시공공 및
경관디자인교육을 포함하며 여기에 더해 전시, 디스플레이,
무대디자인 등 이미 현실로 와있는 미래공간 수요에 대응키 위한
혁신화된 공간디자인 교육을 목표로 합니다.

입문단계에서는 건축 공간 표현을 위한 디자인 개념 설정, 설계 제도
및 표현기법을 교육받습니다.

전공교육이 시작되는 2학년에서는 실내건축 디자인 범위인 주거,
상업공간을 필두로 공간 생성과정을 이해하고 단위공간을 구성 및
조합하는 설계 전문화교육을 받게 됩니다. 더불어 컴퓨터그래픽
수업, 색채와 물성개발 및 조명디자인 등 다양하고 전문화된
디자인 교육이 진행됩니다.

성장 및 심화 과정인 3학년과 4학년은 사회의 장소적 시대적 요구가
분석된 사회문화시설 및 복합상업공간의 설계 및 실내외공간의
유기적인 관계성이 요구되는 경관디자인 및 전시 설계를 배웁니다.
이론으로는 경관디자인론, 공간디자인방법론, 한국의 공간문화를
토대로 한 환경, 시공, 실무영역에서의 심화교육이 함께 이루어집니다.

종합단계인 5학년 과정에서는 자유주제로 진행되는 졸업설계를
통해 건축과 디자인, 실용과 이론의 통합 능력을 전개하고,
공간디자인의 다양한 범위 속 개인별 디자인 특화분야가 졸업작품과
포트폴리오에 제시되도록 교육합니다.

학년별 교과 과정

1학년: 입문First year

1학년 교과 과정은 기초적인 단계의 전공필수과목과 더불어 대학교
전체에서 요구하고 있는 기초적인 교양교육 과정으로 이뤄집니다.

설계교과에는 2학년 수준에서 시작되는 본격적인 건축설계
과목으로 진입하기 이전 단계로서 각종 건축적 시각적 매체를
활용한 건축설계 표현 능력과 개념 형성 능력을 훈련하는 것을
목표로 합니다. 이와 더불어 비건축 조형개념 연습을 설계 교육
영역에 포함하고 있습니다.

건축이론교과에서는 한국건축의 선례와 현대건축의 관찰을 통한
학습을 바탕으로 건축에 대한 기본 개념 이해를 목표로 합니다.

2학년: 기본Second year

2학년 교과 과정은 건축학 전공의 기본이 되는 전공필수과목과
더불어 1학년 과정과 연속된 기초 교양교육 과정으로 이뤄집니다.

건축설계 교육에서는 시각적 매체 활용을 통한 개념의 표현
훈련과 공간생성 개념 탐구를 시작으로 본격적인 건축설계 교육이
실시됩니다. 대지조성 계획뿐 아니라 재료 및 구조성, 조형성을
고려한 주거설계와 소규모 공공 건축물의 설계 교육이 진행됩니다.

건축이론교과에서는 서양 고전건축에 대한 선례를 연구하고
건축과 문화의 연관성을 탐구하며, 기술적 측면에서는 건축구조의
기초적 내용 이해를 목표로 합니다. 이로써 초기 단계의 공간설계

능력 교육과 기초적인 건축 구조적 지식 교육이 건축 선례에 대한 학습과 맞물리도록 하고 있고 건축설계에서 필요로 하는 컴퓨터 응용능력의 바탕이 되는 건축CAD 교육이 이뤄집니다.

3학년: 성장Third year

3학년 교과과정에서는 건축학 전공에서 필요로 하는 좀 더 전문적인 전공필수과목의 교육이 주류를 이루게 되고 기초적인 교양교육 과정의 비중은 점차 줄어들게 됩니다.

건축설계 교육에서는 복합적인 상황이 설정된 도심 맥락을 반영한 건축설계 교육을 실시합니다. 개념 탐구 중심의 건축설계 교육에서 전문적이고 실무적인 건축설계 교육으로 발전하는 과도기적 성격으로서, 보다 심화된 복합적 설계 개념으로 도심가로변 건축설계와 도심공공시설 또는 업무시설 설계를 주제로 교육이 진행됩니다.

동시에 건축 이론교육으로 건축의 재료 및 구법을 비롯한 건축시공, 건축구조시스템, 그리고 환경시스템 분야의 기술이론적 교육이 각 전공분야 전임 교수진에 의해 심도 있게 진행됩니다. 그리고 전공 영역별 학과 선택 과목을 선택해 이수해야 하며, 전공영역별 이수 기준에 따라 균형 잡힌 건축 교육이 진행됩니다.

4학년: 심화Fourth year

4학년부터는 건축학 전공의 기본이 되는 전공필수과목의 비중은 줄어들고 학생들 개개인의 선택권이 확대되어 각 학생은 전공 영역별 심화 트랙을 선택해 전공 심화학습을 할 수 있습니다.

건축설계 교육에서는 전문적인 지식을 바탕으로 하는 실무적인 건축물 설계 교육을 위해 구조, 설비, 시공 등의 전공영역이 설계 교육과 연계되어 진행되는 '통합설계교육'과 대규모 필지를 대상으로 도시 마스터플랜을 이해하는 '도시설계교육'이 진행됩니다.

통합설계교육을 통해 건축실무에 관련되는 전반적인 전공지식을 총체적으로 통합해 실습하는 기회를 갖고, 도시설계교육에서 집합주거 설계를 비롯한 도시 스케일의 건축설계 교육이 실시됩니다. 이론교과에서는 설계실무와 건축법규에 대한 내용을 교육해 설계실무에 대한 이해를 높이게 됩니다.

5학년: 종합Fifth year

5학년 교과과정은 학생들에게 자기계발과 전공심화과정을 학습할 수 있도록 교과 선택의 자율성을 제공함으로써 학생들 스스로 건축학 교육을 정리하고, 향후 진로를 준비토록 합니다. 교과과정은 전문 건축학위과정을 마무리 짓는 졸업설계를 주축으로 하며, 4학년 과정과 연속해서 심화된 전공영역별 교과목과 학생들 각자가 원하는 분야별로 선택할 수 있는 교양 선택과목으로 구성됩니다. 졸업설계 과정에서는 5년간의 학습 성과를 총정리하고 건축에 대한 자신의 주장을 담는 설계 주제를 스스로 발굴하여 발전시킵니다. 졸업설계의 이론적 근거 제시와 프로젝트 수행을 통한 실습을 동시에 소화해야 합니다. 또한 이 시기에 각 학생은 자신이 선택한 영역별 심화 트랙의 전공심화학습을 마무리하게 됩니다.

나가면서

epilogue

건축대학 교수는 '건축을 가르치는 일'을 업으로 삼고 있는
사람입니다. '자신이 공부해온 건축'을 학생들에게 어떻게
전달할 것인가를 계속 고민하고 다듬는 사람들입니다.
어느 날인가 한 교수의 제안이 있었습니다. "교수들이
제각기 품고 있는 '비장의 가르침'을 한데 모아서 학생들이
볼 수 있도록 해주면 어떻겠냐." 이 제안은 곧 교수마다 몇
개의 짧은 글, 말하자면 '촌철강의'라 할 만한 글을 써서
모아보자는 얘기로 진전되었습니다.
처음에는 건축대학 학생들에게 제공해 줄 만한 여러
학습교재 중 하나를 더해보자는 생각이었지만, 곧
건축대학을 꿈꾸는 고등학생을 비롯해 건축대학에서
무엇을 가르치고 배우는지 알고 싶은 이들까지를 염두에
둔 일로 진행되었습니다.

"모든 개인은 세상에서 유일한 존재다." 강의 시간에 자주
하는 말입니다. 모든 개인은 서로 다르다는 말이고, 따라서
모든 다양성의 원천은 개인이라는 뜻입니다. 당연히
교수도 제각기 생각이 다릅니다. 같은 건축대학 교수라도

건축에 대한 생각이 같을 리 없습니다. 교수들의 생각을 모아 한 권의 책으로 만드는 일은 이 '같지 않음'을 전제로 하는 것입니다. 때문에 교수마다의 '비장의 촌철'을 늘어놓고 각기 다른 모습으로 반짝이는 단편들로 드러내 보이는 것만으로도 충분하다고 생각했습니다. 여기에는 다른 단편이 더해질 수 있을 것입니다. 새로운 주제가 더해질 수 있고, 같은 주제에 대해서 전혀 다른 가르침이 더해질 수도 있을 것입니다. 배움 역시 마찬가지입니다. 동일한 문구를 놓고도 전혀 다른 배움이 있을 수 있고 이로부터 전혀 다른 배움의 주제가 생성될 수도 있을 것입니다.

자신의 강의 내용 중 일부를 글로 써 내려면 적잖이 망설임이 있을 수 있습니다. 자세히 설명하고 또 설명해도 부족할 것 같은 주제를 짧은 몇 마디로? 촌철이니 통찰이니 하는 '오글거리는' 이름을 붙여서? 혼자의 저술이라면 몰라도 여러 교수가 각자의 얘기를, 서로 비교하라는 듯이? 우리 교수 사회에서 쉽지 않은 일입니다. 아마도 이 일이 가능했던 것은 명지대학교 건축대학의 다소 특별한 분위기 때문일 것입니다. 학기 중에는 매주 교수회의를 진행하고, 매달 교수세미나를 통해 각자의 강의내용을 발표하고 토론해왔습니다. 방학기간에는 며칠간의 워크숍을 겸한 건축답사를 함께 하고 있습니다. 가르치는 이들의 '협력-소통-공조'야말로 가르침과 배움의 장을 순조롭게 일구어나가는 데 필요한 우선적 덕목이라는 믿음 때문입니다.

스무 명의 교수가 이 책을 만드는 일에 선뜻 참여해서 자신이 가르치는 일의 한 부분을 드러낸 것도 이러한 믿음의 연장일 것입니다.

가르침을 업으로 삼는 이들의 이런 드러냄과 소통이
건축을 가르치고 배우는 일에 작으나마 의미 있는
자양분이 되리라 믿습니다.

2021년 10월

명지대학교 건축대학 교수 20인을 대표해
건축대학장 박인석 씀

강범준 김남훈 김란수 김영민 김왕직 김정수 남수현 박인석
백소훈 양지윤 오상은 옥태범 이상현 이종우 이준석 이지환
전진영 정영수 채민규 한지만

명지대학교 건축대학 교수진

강범준 서울대학교 건축학과 대학, 대학원 졸업.
미국 워싱턴대학교 Ph D, 건축사 **공간행태 / 도시설계 강의**

김남훈 한양대학교 건축학과 대학, 대학원 졸업. 미국 하버드건축대학원(GSD)
M Arch II, 미국건축사(AIA) **건축설계 강의**

김란수 서울대학교 불어불문학과 대학, 건축학과 대학 및 대학원 졸업.
미국 조지아텍 건축대학원 Ph D, 건축사
서양건축사 / 현대건축론 / 건축설계 강의

김영민 서울대학교 건축학과 대학, 대학원 졸업, Ph D, (주)마이다스아이티 근무,
한옥관련 구조기준 마련 **건축구조 강의**

김왕직 명지대학교 건축학과 대학, 대학원 졸업, Ph D
한국건축사 / 동양건축사 강의

김정수 서울대학교 건축학과 졸업, 영국AA스쿨(Diploma), 영국건축사
건축설계 강의

남수현 서울대학교 건축학과 대학, 대학원 졸업.
미국 예일건축대학원 M Arch II 건축사 **건축설계 강의**

박인석 서울대학교 건축학과 대학, 대학원 졸업, Ph D
도시주거환경계획 / 건축생산의 역사 / 건축설계 강의

백소훈 한양대학교 건축대학 졸업, 중국 칭화대학교 석사, Ph D
건축문화유산론 / 한옥실습 / 건축설계 강의

양지윤 홍익대학교 미술대학 산업디자인과, 영국 리즈대학교 대학원 졸업,
홍익대학교 대학원 공간디자인학 Ph D
공간디자인 스튜디오 / 공간디자인 방법론 강의

오상은 로드아일랜드 스쿨 오브 디자인, MIA, 서울대학교 건축학과 Ph D, Cand,
SOM 뉴욕 및 희림종합건축사무소 근무, LEED AP BD+C
색채와 재료 / 공간디자인설계 강의

옥태범 연세대학교 건축공학과 졸업, 미국 휴스턴대학교 M Arch, 건축사
건축설계 / 건축설계실무와창업 강의

이명주 독일 베를린 공과대학 Dipl-Ing, 세종대학교 대학원 기후변화정책 전공
Ph D, 독일건축사 **건축설계 강의**

이상현 서울대학교 건축학과 대학, 대학원 졸업, 미국 미시간대학교
M Arch, 하버드건축대학 Doctor of Design
건축계획 / Desgin Computation 강의

이종우 한양대학교 건축학과 대학, 대학원 졸업, 프랑스 파리-에스트대학교
건축학 Ph D **근현대건축사 강의**

이재인 홍익대학교 건축학과 대학, 대학원 졸업. Ph D, 건축사
건축설계 / 건축법규 강의

이준석 미국 오하이오주립대학교 건축학과 졸업, 미국 펜실베이니아대학교
(UPenn) M Arch, 미국건축사 **건축설계 / 건축시각표현 강의**

이지환 명지대학교 건축학과 졸업, 미국 유타대학교 M Arch, 켄자스대학교 Ph D
환경시스템 / 공간요소디자인 강의

전진영 한양대학교 건축학과 졸업, 이탈리아 로마사피엔자대학교 건축학
Dottore 및 Dottorato. 한국 및 이탈리아 건축사
건축설계 / 도시설계론 강의

정영수 연세대학교 건축공학과 졸업, 미국 텍사스오스틴대학교 대학원 Ph D
PMP **건축재료 및 구법 / 건설관리 강의**

채민규 서울대학교 대학, 대학원 졸업, 미국 프랫대학교 대학원 졸업, 일본
동경예술대학교 Ph D **공간디자인 및 경관 / 공공디자인 강의**

한지만 성균관대학교 대학, 대학원 졸업. 일본 도쿄대학 Ph D
동서양미술과미학 / 학국건축유형사 / 건축설계 강의